PLC 与变频器控制

主　编　宋云波

主　审　赵永洁

参　编　张明瑞　彭先丽　王　伟

　　　　张　丽　郭　群

西南交通大学出版社

·成　都·

内容简介

本书以学生能力培养为第一目标，以实践教学为主，理论教学为辅，突出理论与实践相结合。全书共分为 5 个项目、21 个任务和 4 个附录。主要内容包括：PLC 概述、结构原理、软元件和程序执行过程、编程软件的使用方法、基本逻辑指令及其应用、步进顺控指令及其应用、功能指令及其应用和 PLC 与变频器综合应用等。

本书是编者在多年从事 PLC 技术、变频器技术、电气控制技术及相关领域的教学、教改及科研的基础上编写而成，采用任务驱动式的教学方法，体现"边教、边学、边做"的一体化教学理念。每个任务包括了能力目标、知识目标、素质目标及工作任务分析、任务实施、任务评价、知识点、任务拓展、知识测评等内容，最后附有适量的习题，便于知识和技能的学习。

本书可以作为高职高专机电类、自动化类及电子信息类等专业的教学参考用书，也可供相关工程技术人员参考。

图书在版编目（CIP）数据

PLC 与变频器控制 / 宋云波主编. 一成都：西南交通大学出版社，2019.2

ISBN 978-7-5643-6773-2

Ⅰ. ①P… Ⅱ. ①宋… Ⅲ. ①PLC 技术②变频器 Ⅳ. ①TM571.6②TN773

中国版本图书馆 CIP 数据核字（2019）第 026994 号

PLC 与变频器控制

主　编 / 宋云波　　　　　　责任编辑 / 梁志敏

封面设计 / 何东琳设计工作室

西南交通大学出版社出版发行

（四川省成都市金牛区二环路北一段 111 号西南交通大学创新大厦 21 楼　610031）

发行部电话：028-87600564

网址：http://www.xnjdcbs.com

印刷：四川森林印务有限责任公司

成品尺寸　185 mm×260 mm

印张　17　字数　426 千

版次　2019 年 2 月第 1 版

印次　2019 年 2 月第 1 次

书号　ISBN 978-7-5643-6773-2

定价　45.00 元

课件咨询电话：028-87600533

前　言

本书根据高等职业教育"淡化理论、必须够用、培养技能、重在应用"的原则，以培养学生的职业技能为目标，在注重基础理论知识教育的同时，突出技能的培养，力求做到深入浅出、层次分明、详略得当，尽可能地体现高等职业教育的特点。

PLC 和变频器的种类繁多，本书以应用较为广泛的三菱公司 FX 系列 PLC 和变频器 E700 为主进行课程设计和程序编制，在结构形式上采用任务驱动式的教学方法，每个任务的内容基本由"任务目标""任务描述""任务实施""任务评价""知识点""任务拓展""知识测评"等模块组成，既保证了理论知识的层次性、系统性，又把理论知识和技能训练有机地结合在一起，真正做到"边学、边做、边教"的一体化教学。目的是培养和训练学生的学习能力、操作能力、应用拓展能力和岗位工作能力。在教学方法上，建议授课老师根据学校的具体情况，既可以采用理论讲授和实践教学分开的方法实施教学，也可以根据教材特点，采用"以学生为中心""以任务为导向"的灵活多样的方法组织开展教学。课程基本采用讲练结合的教学方式，大部分内容可安排到实训室进行，实现理论实践一体化教学模式。

全书分为五个项目：

项目一：PLC 基础。通过四个工作任务，介绍 PLC 的定义、分类、特点、结构、原理及 FX 系列软元件及编程软件的使用方法等。

项目二：PLC 基本逻辑指令及其应用。通过五个工作任务，介绍常见基本逻辑指令的名称、符号、功能及应用，掌握常用基本电路的程序设计思路与方法，提高基本逻辑指令的编程能力。

项目三：步进顺控指令及其应用。通过四个工作任务，介绍状态转移图的组成、特点、结构及步进指令的名称、功能等知识，掌握步进顺控指令编程的方法。

项目四：功能指令及其应用。通过四个工作任务，使学生对功能指令的表示形式、类型、名称、符号及应用有一定的认识与了解，并能简单应用功能指令进行程序的设计与调试。

项目五：PLC 与变频器综合应用。通过四个工作任务，使学生了解变频器的基本机构和工作原理，理解变频器各参数的意义，掌握操作面板的基本操作和外部端子的作用，能综合应用 PLC 和变频器控制技术。

此外，书中还设计了相应的基础知识测评和拓展能力测试，并在附录中列出了有关 PLC、变频器的相关技术参数表。

本书由宋云波主编，赵永洁主审。其中，彭先丽编写了项目一的任务一、任务二、任务三及项目二的任务一；张丽编写了项目二的任务二、任务三；王伟编写了项目二的任务四、任务五及项目四的任务二；张明瑞编写了项目五的任务一、任务二、任务三、任务四；宋云波编写了前言、项目一的任务四、项目三的任务一、任务二、任务三、任务四、项目四的任务一、任务三、任务四及附录，并承担了全书的统稿工作；郭群完成书稿中大部分图形的绘制工作；卢雁为本书的内容编排和设计提出了宝贵的意见和建议。此外，本书在编写过程中也借鉴了同行的一些优秀案例，在此一并表示感谢！

由于编者水平有限，书中难免存在不足和疏漏，欢迎广大读者批评指正！

编　者

2018 年 11 月

目　录

项目一　PLC 基础

【项目描述】

随着科学技术的不断进步，许多行业逐渐实现现代化，特别是在工业生产中，流水线是比较常用的一种自动化生产方式，在实际生产中，经常要对流水线上的产品进行分拣，以前的电气控制系统大多采用继电器和接触器，这种操作方式存在劳动强度大、能耗高等缺点。随着工业现代化的迅猛发展，继电器控制系统已无法达到相应的控制要求。因此，采用 PLC 控制是非常重要的。

可编程序逻辑控制器，即 PLC，其英文全名为 Programmable Logic Controller，是一种新型的控制器件。它集微电子技术、计算机技术于一体，在取代继电器控制系统、实现多种设备的自动控制的过程中，体现出诸多优点，受到广大用户的欢迎和重视。

下面通过四个任务的分析讲解与实施，介绍 PLC 的基础知识、工作原理、硬件结构、软元件以及编程软件的使用。

任务一：PLC 概述。

任务二：PLC 的结构原理。

任务三：FX 系列 PLC 的软元件认识。

任务四：FX 系列 PLC 编程软件认识及应用。

任务一　PLC 概述

【任务目标】

1. 能力目标

（1）能够熟练完成三相异步电动机长动电气控制线路设计及工作原理分析。

（2）能够对电气控制系统和 PLC 控制系统进行分析比较。

2. 知识目标

（1）了解 PLC 的发展历史、含义、流派、特点、分类、应用领域及发展趋势。

（2）掌握常用低压电器元件的名称、符号及功能。

3. 素质目标

培养具有较好的学习新知识、新技能及解决问题的能力。

【任务描述】

该任务主要从 PLC 产生的背景出发，介绍 PLC 控制技术与传统的继电器控制技术的区别与联系，对 PLC 控制技术的特点、分类、主要技术指标、应用领域及发展趋势等进行阐述。通过任务对 PLC 有一个初步认识，为后续内容的学习奠定基础。

【知识点】

一、PLC 的概念及发展

（一）电气控制和 PLC 控制对比

图 1-1-1 是继电-接触器控制原理图，图 1-1-2 是 PLC 的控制系统图，两个电路均能实现对电动机的单方向运转的控制。但继电-接触器控制电路是通过按钮、接触器的触点和它们之间的连线实现的，控制功能包含在固定的线路之中，功能专一，不能改变接线方式和控制功能。而在 PLC 控制系统中，虽然仍采用图 1-1-1 中的元件，但元件之间的串并联逻辑关系交给一个专用的装置来完成，同样可以实现对电动机的控制功能，这个装置就是 PLC。在 PLC 控制系统中，所有按钮和触点输入及接触器线圈均接到 PLC 上，从接线方面来看要简单得多，其控制功能由 PLC 内部程序决定，通过更换程序可以更改相应的控制功能。

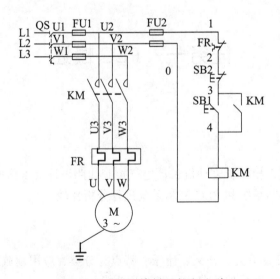

图 1-1-1　继电-接触器控制电路

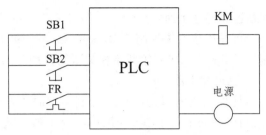

图 1-1-2　PLC 控制系统

总之，从上面两种控制过程可以看到，用 PLC 控制系统可以完全取代继电-接触器控制电路，并且可以通过修改 PLC 内部程序来实现新的逻辑控制关系。

PLC 是作为传统继电-接触器控制系统的替代产品出现的。国际电工委员会（IEC）给 PLC 作了如下定义：可编程序逻辑控制器是一种数字运算操作的电子系统，专为工业环境下的应用而设计。它采用了可编程序的存储器，用于存储执行逻辑运算、顺序控制、定时、计数和算术运算等操作指令，并通过数字式、模拟式的输入和输出，控制各种机械或生产过程。可编程序逻辑控制器及其有关设备，都应按"易于与工业控制系统联成一个整体、易于扩充其功能"的原则设计。由此可见，可编程序逻辑控制器是一种专为工业环境应用而设计制造的计算机，它将传统的继电器控制技术和现代的计算机信息处理技术的优点有机地结合起来，是工业自动化领域中最重要、应用最广泛的控制设备，成为现代工业生产自动化三大支柱（PLC、CAD/CAM、机器人）之一，并且具有较强的负载驱动能力。图 1-1-3 所示为常见 PLC 型号外形图。

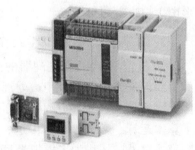

（a）西门子系列　　　　　　（b）Twido 系列　　　　　　（c）FX 系列

图 1-1-3　常见 PLC 型号外形图

（二）PLC 的产生及发展

可编程序逻辑控制器出现之前，在工业电气控制领域中，继电器控制占主导地位，应用广泛。但是继电器控制存在体积大、可靠性低、查找和排除故障困难等缺点，特别是其接线复杂、不易更改，对生产工艺变化的适应性差。

1969 年，美国数字设备公司（DEC）根据美国通用汽车公司对设备的要求，研制出第一台可编程序逻辑控制器，并在美国通用汽车公司的自动生产线上试用成功，从而诞生了世界上第一台可编程序逻辑控制器。这一项新技术的成功使用，在工业界产生了巨大的影响。从此，可编程序逻辑控制器在世界各地迅速发展起来。1971 年，日本从美国引进这项技术，并很快研制成功了日本第一台可编程序逻辑控制器 DCS-8。1973—1974 年德国和法国也研制出各自的可编程序逻辑控制器。我国从 1974 年开始相关研制，1977 年研制成功了以微处理器 MC14500 为核心的可编程序逻辑控制器。

早期的 PLC 设计主要是替代继电器完成顺序控制、定时等逻辑控制功能，故称为可编程序逻辑控制器（Programmable Logic Controller）。近年来，随着电子技术和计算机技术的迅速发展，可编程序逻辑控制器不仅具有逻辑控制功能，而且还具有数据处理和通信等模拟量处理功能。因此，美国电气制造协会 NEMA（National Electrical Manufacturers Association）于 1980 年始将它正式命名为 PC（Programmable Controller），即可编程序控制器。但由于 "PC" 容易和个人计算机（Personal Computer）相混淆，因此现在仍沿用 PLC 来表示可编程序控制器。

虽然 PLC 问世时间不长，但是随着微处理器的出现，大规模、超大规模集成电路技术的迅速发展和数据通信技术的不断进步，PLC 也迅速发展，其发展过程大致可分三个阶段：

1. 早期的 PLC（20 世纪 60 年代末—70 年代中期）

早期的 PLC 一般称为可编程序逻辑控制器。这时的 PLC 多少有点继电器控制装置替代物的含义，其主要功能只是执行原先由继电器完成的顺序控制、定时等。它在硬件上以准计算机的形式出现，在 I/O 接口电路上做了改进以适应工业控制现场的要求。装置中的器件主要采用分立元件和中小规模集成电路，存储器采用磁芯存储器。另外还采取了一些措施，以提高其抗干扰的能力。在软件编程上，采用广大电气工程技术人员所熟悉的继电器控制线路的方式（梯形图）。因此，早期的 PLC 的性能要优于继电器控制装置，其优点包括简单易懂、便于安装、体积小、能耗低、有故障指示、能重复使用等。其中 PLC 特有的编程语言（梯形图）一直沿用至今。

2. 中期的 PLC（20 世纪 70 年代中期—80 年代中后期）

20 世纪 70 年代微处理器的出现使 PLC 发生了巨大的变化。美国、日本、德国等国家的一些厂家先后开始采用微处理器作为 PLC 的中央处理单元（CPU），这样使得 PLC 的功能大大增强。在软件方面，除了保持其原有的逻辑运算、计时、计数等功能以外，还增加了算术运算、数据处理和传送、通信、自诊断等功能。在硬件方面，除了保持其原有的开关模块以外，还增加了模拟量模块、远程 I/O 模块以及各种特殊功能模块，扩大了存储器的容量，使各种逻辑线圈的数量增加，另外提供了一定数量的数据寄存器，使 PLC 的应用范围得以扩大。

3. 现在的 PLC（20 世纪 80 年代中后期至今）

进入 80 年代中后期，由于超大规模集成电路技术的迅速发展，微处理器的市场价格大幅度下跌，使得各种类型的 PLC 所采用的微处理器的档次普遍提高。而且，为了进一步提高 PLC 的处理速度，各制造厂商还纷纷研制并开发了专用逻辑处理芯片。这样使得 PLC 的软、硬件功能发生了巨大变化。

随着可编程序控制器的推广、应用，PLC 已成为工业自动化控制领域中占主导地位的控制装置。为了占领市场，赢得尽可能大的市场份额，各大公司都在原有 PLC 产品的基础上，努力地开发新产品，由此推进了 PLC 的发展。这些发展主要侧重于两个方面：一是向着网络化、高可靠性、多功能方向发展；二是向着小型化、低成本、简单易用、控制与管理一体化，以及编程语言高级化的方向发展。

二、PLC 的主要特点

PLC 技术之所以能高速发展，除了工业自动化的客观需要外，主要是因为它具有许多独特的优点，较好地解决了工业领域中普遍关心的可靠性、安全性、灵活性、方便性、经济性等问题。PLC 主要有以下特点：

（一）可靠性高、抗干扰能力强

可靠性高、抗干扰能力强是 PLC 最重要的特点之一。一方面，PLC 控制系统用软件代替传统的继电-接触器控制系统中复杂的硬件线路，使得采用 PLC 的控制系统故障明显低于传统继电-接触器的控制系统。另一方面，PLC 本身采用了抗干扰能力强的微处理器作为 CPU，电源采用多级滤波并采用集成稳压块电源，同时还采用了静电屏蔽、光电隔离、故障诊断和自动恢复等措施，使可编程序控制器具有很强的抗干扰能力，从而提高了整个系统的可靠性。

（二）配套齐全、功能完善、适用性强

PLC 发展到今天，已经形成了大、中、小各种规模的系列化产品，可以用于各种规模的工业控制场合。除了逻辑处理功能以外，现代 PLC 大多具有完善的数据运算能力，可用于各种数字控制领域。近年来，PLC 的功能单元大量涌现，使 PLC 渗透到位置控制、温度控制、CNC（计算机数控加工）等各种工业控制中。加上 PLC 通信能力的增强及人机界面的不断完善，使得用 PLC 组成各种控制系统变得非常容易。

（三）编程简单易学

梯形图是使用得最多的可编程序控制器的编程语言，其电路符号和表达方式与继电器电路原理图相似，梯形图语言形象直观、易学易懂，熟悉继电器电路图的电气技术人员只需要花费很少时间就可以熟悉梯形图语言，并用其编制用户程序。对使用者来说不需要具备计算机编程的专门知识，因此很容易被一般工程技术人员所理解和掌握。

（四）使用维护方便

可编程序控制器产品已经标准化、系列化、模块化，配备有各种硬件装置供用户选用。用户能灵活方便地进行系统配置，组成不同功能、不同规模的系统。而且，PLC 不需要专门的机房就可以在各种工业环境下直接运行。PLC 使用时只需将现场的各种设备与 PLC 相应的I/O 端相连接即可投入运行。PLC 各种模块上均有运行和故障指示装置，便于用户了解运行情况和查找故障，一旦某模块发生故障，用户可以通过更换模块的方法使系统迅速恢复运行。更重要的是，PLC 使同一设备仅通过改变程序就能改变生产过程成为可能。

（五）体积小、重量轻、功耗低

PLC 采用了集成电路，其结构紧凑、坚固，体积小，易于装入机械设备内部，是实现机电一体化的理想控制设备。

三、PLC 的应用领域

目前，在国内外 PLC 已广泛应用于冶金、石油、化工、电力、建材、机械制造、汽车、轻工、交通运输、环保及文化娱乐等各个行业，随着 PLC 性价比的不断提高，其应用领域也不断扩大。从应用类型看，PLC 的应用大致可归纳为以下几个方面：

（一）开关量的逻辑控制

利用 PLC 最基本的逻辑运算、定时、计数等功能实现逻辑控制，这是 PLC 最基本、最广泛的应用领域，它取代传统的继电器电路实现逻辑控制、顺序控制，既可用于单台设备的控制，也可用于多机群控及自动化流水线，如注塑机、印刷机、订书机械、组合机床、磨床、包装生产线等。

（二）模拟量控制

在工业生产过程当中，有许多连续变化的量，如温度、压力、流量和速度等都是模拟量。为了使可编程序控制器处理模拟量，必须实现模拟量（Analog）和数字量（Digital）之间的 A/D 转换和 D/A 转换。PLC 厂家都生产配套了 A/D 和 D/A 转换模块，使可编程序控制器用于模拟量控制。

（三）运动控制

PLC 可以用于圆周运动或直线运动的控制。从控制机构配置来说，早期 PLC 直接用于开关量 I/O 模块连接位置传感器和执行机构，现在一般使用专用的运动控制模块，如可驱动步进电机或伺服电机的单轴或多轴位置控制模块。世界上各主要 PLC 厂家的产品几乎都有运动控制功能，广泛用于各种机械、机床、机器人、电梯等应用场合。

（四）过程控制

过程控制是指对温度、压力、流量等模拟量的闭环控制。作为工业控制计算机，PLC 能编制各种各样的控制程序，完成闭环控制。PID（比例、积分、微分）调节是一般闭环控制系统中用得较多的调节方法。大中型 PLC 都有 PID 模块，目前许多小型 PLC 也具有此功能模块。PID 处理一般是运行专用的 PID 子程序。过程控制在冶金、化工、热处理、锅炉控制等场合有非常广泛的应用。

（五）数据处理

现代 PLC 具有数学运算（含矩阵运算、函数运算、逻辑运算）、数据传送、数据转换、排序、查表、位操作等功能，可以完成数据的采集、分析及处理。这些数据可以与存储在存储器中的参考值比较，完成一定的控制操作，也可以利用通信功能传送到别的智能装置，或将它们打印制表。数据处理一般用于大型控制系统，如无人控制的柔性制造系统；也可用于过程控制系统，如造纸、冶金、食品工业中的一些大型控制系统。

（六）通信及联网

PLC 通信包含 PLC 与 PLC、PLC 与上位计算机、PLC 与其他智能设备之间的通信，PLC 系统与通用计算机可直接或间接（通过通信处理单元、通信转换单元相连构成网络）实现信息的交换，并可构成"集中管理、分散控制"的多级分散式控制系统，满足工厂自动化（FA）系统发展的需要。

四、PLC 的分类

PLC 产品种类繁多，其规格性能也各不相同。通常可根据其结构形式的不同、功能的差异和 I/O 点数的多少等进行大致分类。

（一）按结构形式分类

根据 PLC 结构形式的不同，可分为整体式（一体式）和模块式两类。

1. 整体式结构

整体式结构的特点是将 PLC 的基本部件，如 CPU 板、输入板、输出板、电源板等紧凑地安装在一个标准的机壳内，构成一个整体，组成 PLC 的一个基本单元（主机）或扩展单元。整体式结构的 PLC 结构紧凑、体积小，重量轻、价格低、安装方便。微型和小型 PLC 一般为整体式结构。Twido 整体式 PLC 外观如图 1-1-4 所示。

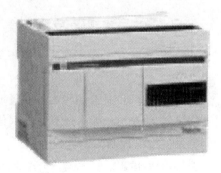

（a）　　　　　　　　（b）　　　　　　　　（c）

图 1-1-4　Twido 整体式 PLC 外观图

2. 模块式结构

模块式结构的 PLC 是由一些模块单元构成，这些标准模块如 CPU 模块、输入模块、输出模块、电源模块和各种功能模块等，将这些模块插在框架上和基板上即可工作。各个模块的功能是独立的，外形尺寸是统一的，可根据需要灵活配置。模块式结构的 PLC 的特点是组装灵活、便于拓展、维修方便，可根据要求配置不同模块以构成不同的控制系统。一般大、中型 PLC 采用模块式结构，有的小型 PLC 也采用这种结构。Twido 模块式 PLC 外观如图 1-1-5 所示。

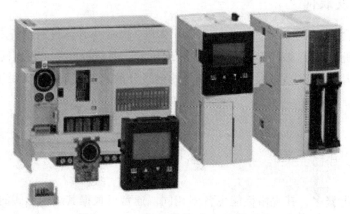

图 1-1-5　Twido 模块式 PLC 外观图

（二）按 I/O 点数分类

一般而言，PLC 的输入输出点数（I/O）越多，控制关系就越复杂，用户要求的程序存储器容量就越大，要求 PLC 指令及其他功能也比较多，指令执行的过程也比较快。按 PLC 的输入、输出点数和内存容量的大小，可将 PLC 分为小型机、中型机、大型机等类型。

（1）I/O 点数在 256 以下为小型 PLC。

（2）I/O 点数在 256~2 048 为中型 PLC。

（3）I/O 点数大于 2 048 为大型 PLC。

需要注意的是，I/O 点数的划分方式不是固定不变的。不同的厂家也有自己的分类方法。

（三）按实现的功能分类

按照 PLC 所能实现的功能不同，可以把 PLC 大致分为低档 PLC、中档 PLC 和高档 PLC 三类。

低档 PLC 具有逻辑运算、计时、计数、移位、自诊断、监控等基本功能，还可有少量模拟量输入/输出、算术运算、数据传送和比较、通信等功能。主要用于逻辑控制、顺序控制或少量模拟量控制的单机控制系统。中档 PLC 除了具有低档 PLC 的功能外，还具有较强的模拟量输入/输出、算术运算、数据传送和比较、数制转换、远程 I/O、子程序、通信联网等功能，有些还可增设中断控制、PID 控制等功能，适用于复杂控制系统。高档 PLC 除具有中档机的功能外，还增加了带符号算术运算、矩阵运算、位逻辑运算、平方根运算及其他特殊功能函数的运算，制表及表格传送功能等。高档 PLC 机具有更强的通信联网功能，可用于大规模过程控制或构成分布式网络控制系统，实现工厂自动化。

五、PLC 的主要技术指标

尽管各 PLC 生产厂家产品的型号、规格和性能各不相同，但通常可以按照以下七种性能指标来进行综合描述。

（一）存储容量

存储容量是指 PLC 中用户程序存储器的容量。一般以 PLC 所能存放用户程序的多少来衡量内存容量。在 PLC 中程序指令是按"步"存放的。1"步"占 1 个地址单元，1 个地址单元一般占 2 个字节，所以 1"步"就是 1 个字。例如，一个内存容量为 1 000 步的 PLC，其内存容量为 2 KB。

（二）输入/输出点数

输入/输出点数（I/O 点数）是指 PLC 输入信号和输出信号的数量，也就是输入、输出端子数的总和。这是一项很重要的技术指标，因为在选用 PLC 时，要根据控制对象的 I/O 点数来确定机型。I/O 点数越多，说明需要控制的器件和设备就多。

（三）扫描时间

扫描时间是指 CPU 内部根据用户程序，按照逻辑顺序，从开始到结束一次扫描所需时间。PLC 用户手册一般给出执行指令所用的时间。所以可以通过比较各种 PLC 执行相同的操作所用的时间，来衡量扫描速度的快慢。

（四）编程语言与指令系统

PLC 的编程语言一般有梯形图、语句表和高级语言等。PLC 的编程语言越多，用户的选择性就越大。PLC 中指令功能的强弱、数量的多少是衡量 PLC 软件性能强弱的重要指标。编程指令的功能越强，数量越多，PLC 的处理能力和控制能力也就越强，用户编程也就越简单，越容易完成复杂的控制任务。

（五）内部寄存器的种类和数量

内部寄存器主要包括定时器、计时器、中间继电器、数据寄存器和特殊寄存器等。它们主要用来完成计时、计数、中间数据存储和其他一些功能。内部寄存器的种类和数量越多，PLC 的功能就越强大。

（六）扩展能力

PLC 的可扩展能力主要包括 I/O 点数的扩展、存储容量的扩展、联网功能的扩展和各种功能模块的扩展等。在选择 PLC 时，需要考虑 PLC 的可扩展性。

（七）功能模块

PLC 除了主控模块外，还可以配接各种功能模块。主控模块可以实现基本控制功能，功能模块的配置则可实现一些特殊的专门功能。功能模块的配置反映了 PLC 的功能强弱，是衡量 PLC 产品档次高低的一个重要标志。常用的功能模块主要有：A/D 和 D/A 转换模块、高速计数模块、位置控制模块、速度控制模块、远程通信模块等。

六、三菱 FX 系列 PLC 简介

目前 PLC 的品牌较多，主要有三菱、西门子、A-B、GE、欧姆龙、施耐德、霍尼韦尔、罗克韦尔等。大型 PLC 中西门子和 A-B 的整体性能更全面、更优越。中小型 PLC 中三菱、欧姆龙、西门子的市场占有率高些，ABB、西门子、霍尼韦尔、罗克韦尔的 PLC 价格偏高。基本每个品牌都有其大中小型的 PLC。本书主要介绍三菱 FX 系列 PLC，用户可根据实际需要了解和选用其他品牌。

FX 系列 PLC 包括 FX_{1S}、FX_{1N}、FX_{2N}、FX_{2NC}、FX_{3U}、FX_{3UC} 等。各型号的 PLC 在特点及功能上有所区别，了解各型号 PLC 的特点和性能是正确选择 PLC 的前提。

（一）三菱 FX 系列 PLC 型号识别

在 PLC 的正面，一般都有表示该 PLC 型号的符号，通过阅读该符号即可以获得该 PLC 的基本信息。FX 系列 PLC 的型号命名基本格式如图 1-1-6 所示。

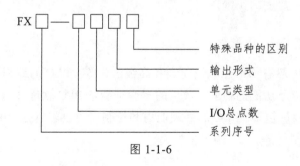

图 1-1-6

（1）系列序号：0、0S、0N、2、2C、1S、2N、2NC。

（2）I/O 总点数：10 ~ 256。

（3）单元类型：

　　　　M——基本单元；

　　　　E——输入输出混合扩展单元及扩展模块；

　　　　EX——输入专用扩展模块；

　　　　EY——输出专用扩展模块。

（4）输出形式：

　　　　R——继电器输出；

　　　　T——晶体管输出；

　　　　S——晶闸管输出。

（5）特殊品种区别：

　　　　D——DC 电源，DC 输入；

　　　　A1——AC 电源，AC 输入；

　　　　H——大电流输出扩展模块（1 A/点）；

　　　　V——立式端子排的扩展模块；

　　　　C——接插口输入输出方式；

　　　　F——输入滤波器 1 ms 的扩展模块；

　　　　L——TTL 输入扩展模块；

　　　　S——独立端子（无公共端）扩展模块。

　　若特殊品种一项无符号，则通指 AC 电源、DC 输入、横排端子排；继电器输出：2 A/点；晶体管输出：0.5 A/点；晶闸管输出：0.3A/点。

　　例如：FX$_{2N}$-48 MRD 含义为 FX$_{2N}$ 系列，输入输出总点数为 48 点，继电器输出，DC 电源，DC 输入的基本单元。FX-4EYSH 的含义为 FX 系列，输入点数为 0 点，输出 4 点，晶闸管输出，大电流输出扩展模块。

　　FX 还有一些特殊的功能模块，如模拟量输入输出模块、通信接口模块及外围设备等，使用时可以参照 FX 系列 PLC 产品手册。

（二）FX 系列 PLC 简要介绍

1. FX$_{1S}$ 系列 PLC（见图 1-1-7）

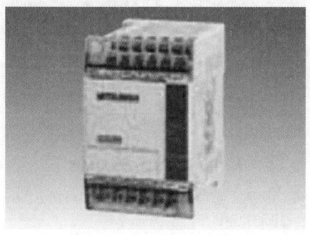

图 1-1-7　FX$_{1S}$ 系列 PLC 外形图

（1）控制规模：10 ~ 30 点（基本单元：10/14/20/30 点）。

（2）适用于极小规模控制的基本型机型。

（3）虽然小型，但具有高性能及通信联网等扩展功能。

2. FX$_{1N}$ 系列 PLC（见图 1-1-8）

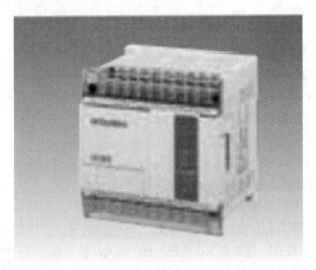

图 1-1-8　FX$_{1N}$ 系列 PLC 外形图

（1）控制规模：24 ~ 128 点（基本单元：24/40/60 点）。

（2）可以扩展输入输出的端子排型标准机型。

（3）也可以提升系统的模拟量控制、通信等性能。

3. FX$_{2N}$ 系列 PLC（见图 1-1-9）

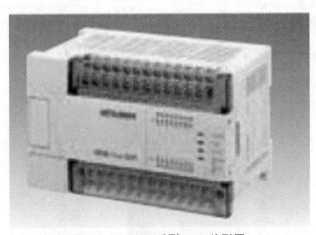

图 1-1-9　FX$_{2N}$ 系列 PLC 外形图

（1）控制规模：16 ~ 256 点（基本单元：16/32/48/64/80/128 点）。

（2）端子排型高性能标准规格机型。

（3）因其速度快、功能强等基本性能，适用于从普通顺控开始的各领域。

（4）具有适用于多个领域的各种扩展设备。

4. FX₃ᵤ 系列 PLC（见图 1-1-10）

图 1-1-10　FX₃ᵤ 系列 PLC 外形图

（1）控制规模：16 ~ 384 点（基本单元：16/32/48/64/80/128 点）。

（2）第三代微型可编程序控制器。是具有更高速度，更大容量，更多功能的新型高性能机。

（3）高速处理及定位等内置功能得到了大幅强化。

（4）包括远程 I/O 在内，可控制的最大输入输出点数为 384 点。可以连接 FX₂ₙ 所使用的丰富的特殊扩展设备。

（5）FX₃ᵤᴄ 系列 PLC（见图 1-1-11）

图 1-1-11　FX₃ᵤᴄ 系列 PLC 外形图

（1）控制规模：32～384点（基本单元：32点）。

（2）连接器的输入输出形式为紧凑型的第三代微型可编程序控制器。

（3）高速处理及定位等内置功能得到了大幅强化。

（4）输入输出最大可扩展到256点。包括远程 I/O 在内，可控制的最大输入输出点数为384点。

【任务拓展】

通过查阅相关资料，了解国外的 PLC 品牌有哪些？国产 PLC 品牌有哪些？其功能和特点如何？

【知识测评】

1. 填空题

（1）世界上第一台 PLC 产生于_____。

（2）PLC 是_____的缩写。

（3）PLC 的编程语言一般有_____、_____、_____等。

（4）PLC 按结构形式划分主要有_____和_____两种。

（5）PLC 中输入和输出信号的数量，也就是输入、输出端子数总和称为_____。

（6）PLC 的输出形式一般分为_____、_____和_____三种形式。

2. 选择题

（1）第一台 PLC 产生的时间是（　　　）。

A. 1967 年 　　　　　　　　　　B. 1968 年

C. 1969 年 　　　　　　　　　　D. 1970 年

（2）PLC 控制系统能取代继电-接触器控制系统的（　　　）部分。

A. 完全取代 　　　　　　　　　B. 主电路

C. 接触器 　　　　　　　　　　D. 控制电路

（3）在 PLC 中程序指令是按"步"存放的，一个内存容量为 8 000 步的 PLC，则其内存为（　　　）KB。

A. 8 　　　　　　　　　　　　　B. 16

C. 4 　　　　　　　　　　　　　D. 2

（4）在对 PLC 进行分类时，I/O 点数为（　　　）点时，可以看作是大型 PLC。

A. 256 　　　　　　　　　　　　B. 512

C. 1 024 　　　　　　　　　　　D. 2 048

（5）（　　　）是使用得最多的可编程序控制器的编程语言。

    A. 语句表　　　　　　　　　　B. 梯形图

    C. 高级语言　　　　　　　　　D. 汇编语言

（6）FX_{2N}-20 MT 可编程序控制器是（　　　）类型。

    A. 继电器输出　　　　　　　　B. 晶闸管输出

    C. 晶体管输出　　　　　　　　D. 单晶体管输出

3. 简答题

（1）简述 PLC 的主要功能。

（2）简述 PLC 的主要特点。

（3）试说明 FX_{2N}-128 MT-001 型号表示的含义。

任务二　PLC 的结构原理

【任务目标】

1. 能力目标

能简单分析 PLC 的工作过程及原理。

2. 知识目标

掌握 PLC 的硬件构成和软件构成。

3. 素质目标

（1）具有较强的与人沟通和交流的能力。

（2）具有较强的计划组织能力和团队协作能力。

【任务描述】

本学习任务以三菱 FX_{2N} 系列 PLC 为例，重点介绍 PLC 硬件结构中 CPU、存储器、输入单元、输出单元、通信接口、扩展接口和电源等的功能和特点。在此基础上学习 PLC 循环扫描的工作方式和 PLC 执行程序的工作过程和工作原理。

【知识点】

一、PLC 的硬件组成

PLC 的硬件主要由 CPU、存储器、输入单元、输出单元、通信接口、扩展接口和电源等部位组成。其中 CPU 是 PLC 的核心，输入/输出单元是连接现场输入/输出设备与 CPU 之间的接口电路，通信接口用于与编程器、上位计算机等外部设备连接。对于整体式 PLC 而言，所有部件都装在同一机壳内，其硬件系统结构如图 1-2-1 所示。

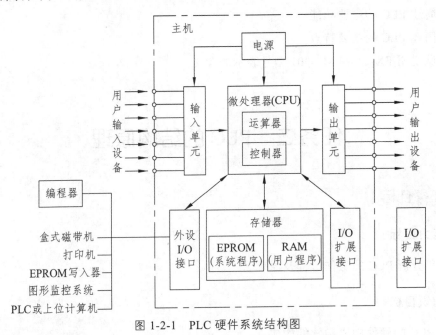

图 1-2-1　PLC 硬件系统结构图

无论是哪种结构类型的 PLC，都可根据用户需要进行配置与组合。尽管整体式 PLC 与模块式 PLC 的结构不太一样，但各部分的功能作用基本上是相同的，下面对 PLC 的主要组成部分进行简单介绍。

（一）中央处理器 CPU（Central Processing Unit）

CPU 是 PLC 的核心，PLC 中所配置的 CPU 随机型不同而不同。常用有 3 类：通用微处理器（如 Z80、8086、80286 等）、单片微处理器（如 8031、8096 等）和位片式微处理器（如 AMD2900 等）。小型 PLC 大多采用 8 位通用微处理器和单片微处理器；中型 PLC 大多采用 16 位通用微处理器或单片微处理器；大型 PLC 大多采用高速位片式微处理器。

目前，小型 PLC 为单 CPU 系统，而中、大型 PLC 则大多为双 CPU 系统，甚至有些 PLC 中多达 8 个 CPU。对于双 CPU 系统，其中一个 CPU 为字处理器采用 8 位或 16 位处理器；另一个 CPU 为位处理器，采用各厂家设计制造的专用芯片。字处理器为主处理器，用于执行编程器接口功能，监视内部定时器，监视扫描时间，处理字节指令，以及对系统总线和位处理器进行控制等。位处理器为从处理器，主要用于处理位操作指令和实现 PLC 编程语言向机器语言的转换。位处理器的采用，提高了 PLC 的速度，使 PLC 能更好地满足实时控制的要求。

在 PLC 中，CPU 按系统程序赋予的功能，指挥 PLC 有条不紊地进行工作，归纳起来主要有以下几个方面：

（1）接收从编程器输入的用户程序和数据。

（2）诊断电源、PLC 内部电路的工作故障和编程中的语法错误等。

（3）通过输入接口接收现场的状态或数据，并存入输入映象存储器或数据寄存器中。

（4）从存储器逐条读取用户程序，经解释后执行。

（5）根据执行的结果，更新有关标志位的状态和输出映象寄存器的内容，通过输出单元实现输出控制。有些 PLC 还具有制表打印或数据通信等功能。

（二）存储器（memory）

PLC 的存储器用于存储程序和数据，可分为系统程序存储器和用户程序存储器。系统程序存储器用于存储系统程序，一般采用只读存储器（ROM）或可擦可编程只读存储器（EPROM）。PLC 出厂时，系统程序已经固化在存储器中，用户不能修改；用户程序存储器用于存储用户的应用程序，用户根据实际控制的需要，用 PLC 的编程语言编制应用程序，通过编程器输入 PLC 的用户程序存储器。中小型 PLC 的用户程序存储器一般采用 EPROM、电可擦可编程只读存储器（EEPROM）或加后备电池的随机存储器（RAM），其容量一般不超过 8 KB。用户程序是随 PLC 的控制对象而定的，由用户根据对象生产工艺的控制要求而编制的应用程序。为了便于读出、检查和修改，用户程序一般存于 CMOS 静态 RAM 中，用锂电池作为后备电源，以保证掉电时不会丢失信息。为了防止干扰对 RAM 中程序的破坏，当用户程序经过运行后功能正常，不需要改变，可将其固化在只读存储器（ROM）中。现在也有许多 PLC 直接采用 EEPROM 作为用户存储器。

由于系统程序及工作数据与用户无直接联系，所以在 PLC 产品样本或使用手册中所列存储器的形式及容量是指用户程序存储器。若 PLC 提供的用户存储器容量不够用，许多 PLC 还提供存储器扩展功能。

（三）输入/输出接口（I/O）

输入/输出接口通常也称 I/O 接口或 I/O 模块，是 PLC 与被控对象联系的桥梁。现场信号经输入接口传送给 CPU，CPU 的运算结果、发出的命令经输出接口送到有关设备或现场。输入/输出信号分为开关量、模拟量两种，这里仅对开关量进行介绍。

1. 输入接口电路

输入接口电路一般由光电耦合电路和微处理器输入接口电路组成。输入接口对输入信号进行滤波、隔离、电平转换等，把输入信号的逻辑安全可靠地输入到 PLC 的内部。采用光电

PLC 与变频器控制

耦合电路实现了现场输入信号与 CPU 电路的电气隔离，增强了 PLC 内部电路与外部不同电压之间的电气安全性，同时通过电阻分压及 *RC* 滤波电路，可滤掉输入信号的抖动和降低干扰噪声，提高了 PLC 输入信号的抗干扰能力，如图 1-2-2 所示。

常用输入接口按其使用的电源不同分为 3 种类型：直流(12～24 V)输入接口、交流(100～120 V、200～240 V)输入接口和交/直流(12～24 V)输入接口。直流输入电路的延迟时间比较短，可以直接与接近开关、光电开关等电子输入装置连接；交流输入电路适用于在有油雾、粉尘等恶劣环境下使用。

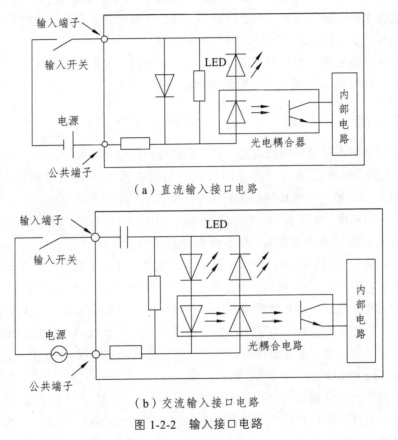

（a）直流输入接口电路

（b）交流输入接口电路

图 1-2-2　输入接口电路

2. 输出接口电路

输出接口是把程序执行的结果输出到 PLC 的外部，输出接口具有隔离 PLC 内部电路和外部执行元件的作用，还具有功率放大的作用，以驱动各种负载。输出接口电路一般由 CPU 输出电路和功率放大器组成。CPU 输出接口电路同样采用了光电耦合电路，使 PLC 内部电路在电气上完全与外部控制设备隔离，有效地防止了现场的强电干扰，以保证 PLC 能在恶劣的环境下可靠地工作。PLC 的输出电路一般分为 3 种类型：继电器输出型、晶体管输出型和晶闸管输出型，分别如图 1-2-3 所示。继电器输出型为有触点输出方式，可用于接通和断开频率较低的大功率直流负载或交流负载回路，负载电流可达 2 A。在继电器输出接口电路中，对继电器触点的使用寿命有限制，而且继电器输出的响应时间也比较慢（10 ms 左右），因此，在要求快速响应的场合不适合使用此种类型的电路输出形式。晶体管输出型和晶闸管输出型为无触点输出方式，开关动作快，寿命长，可用于接通和断开频率较高的负载回路。其中晶闸管输出接口电路常用于带交流电源的大功率负载，晶体管输出型则用于带直流电源的小功率负载。

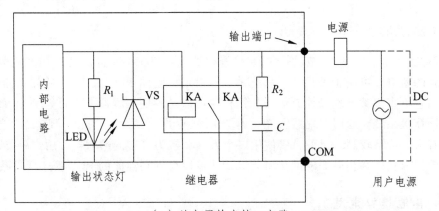

（a）继电器输出接口电路

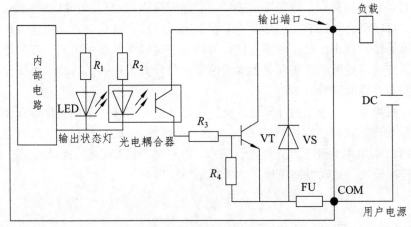

（b）晶体管输出接口电路

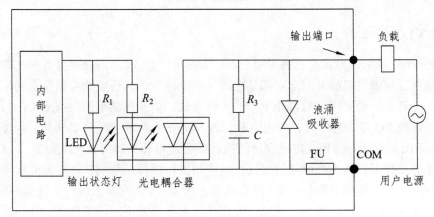

（c）晶闸管输出接口电路

图 1-2-3　输出接口电路

（四）电　源

PLC 配有开关电源，以供内部电路使用。与普通电源相比，PLC 电源的稳定性好、抗干扰能力强。对电网提供的电源稳定度要求不高，一般允许电源电压在其额定值 ±15% 的范围内波动。许多 PLC 还向外提供直流 24 V 稳压电源，用于对外部传感器供电。

（五）编程器

编程器是 PLC 开发应用、监测运行、检查维护不可缺少的器件。它是 PLC 的外部设备，是人机交互的窗口。可用于编程，对系统做一些设定，监控 PLC 及 PLC 所控制的系统的工作状况，但它不直接参与现场控制运行。编程器可以是专用编程器，也可以是配有编程软件包的通用计算机系统。专用编程器由 PLC 生产厂家提供，专供该厂家的某些 PLC 产品使用，使用范围有限，价格较高。目前，多使用以个人计算机为基础的编程器，用户只要购买 PLC 厂家提供的编程软件和相应的硬件接口装置，就可以得到高性能的 PLC 程序开发系统。

（六）其他接口电路

PLC 配有各种通信接口，这些通信接口一般都带有通信处理器。PLC 通过这些通信接口可与监视器、打印机、其他 PLC、计算机等设备实现通信。PLC 与打印机连接，可将过程信息、系统参数等输出打印；与监视器连接，可将控制过程图像显示出来；与其他 PLC 连接，可组成多机系统或连成网络，实现更大规模控制；与计算机连接，可组成多级分布式控制系统，实现控制与管理的结合。

智能接口模块是一个独立的计算机系统，它有自己的 CPU、系统程序、存储器，以及与 PLC 系统总线相连的接口。它作为 PLC 系统的一个模块，通过总线与 PLC 相连，进行数据交换，并在 PLC 的协调管理下独立地进行工作。PLC 的智能接口模块种类很多，如高速计数模块、闭环控制模块、运动控制模块、中断控制模块等。

二、PLC 的基本工作原理

（一）PLC 的工作方式

在分析 PLC 的工作方式与扫描周期之前，有必要了解 PLC 与普通计算机工作方式的相同点与不同点。两者之间的共同点：都是在硬件的支持下，执行反映控制要求的用户程序；不同点是：计算机一般采用"等待命令"的工作方式，如常见的键盘扫描或 I/O 扫描方式，当键盘按下时或 I/O 口有信号时，产生中断，转入相应子程序；而 PLC 采用"循环扫描"的工作方式，系统工作任务管理及用户程序的执行都通过循环扫描的方式来完成。PLC 加电后，在系统程序的监控下，一直周而复始地进行循环扫描，执行由系统软件规定的任务，即用户程序的执行不是从头到尾只执行一次，而是执行一次以后，又返回去执行第二次、第三次……直至停机。因此，PLC 可以简单地看成一种在系统程序监控下的扫描设备。其扫描工作过程除了执行用户程序外，还要完成内部处理、通信服务等工作。

整个扫描工作过程包括内部处理、通信服务、输入采样、程序执行、输出刷新 5 个阶段，如图 1-2-4 所示。整个过程扫描执行一遍所需的时间称为扫描周期。扫描周期的长短主要取决于以下几个因素：一是 CPU 执行指令的速度；二是执行每条指令占用的时间；三是程序中指令条数的多少。

在内部处理阶段，PLC 进行自检，检查内部硬件是否正常，对监视定时器（WDT）进行复位，以及完成其他一些内部处理工作。在通信服务阶段，PLC 与其他的带微处理器的智能装置通信，响应编程器键入的命令，更新编程器的显示内容等。

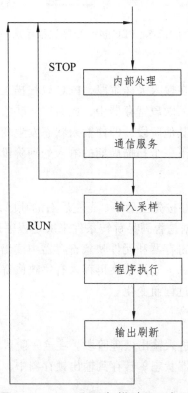

图 1-2-4 PLC 循环扫描过程示意图

PLC 基本工作模式分为运行模式和停止模式。当 PLC 处于停止（STOP）模式时，只完成内部处理和通信服务工作。当 PLC 处于运行（RUN）模式时，除完成内部处理和通信服务工作外，还要完成输入采样、程序执行、输出刷新工作。PLC 的扫描工作方式简单直观，便于程序的设计，并为可靠运行提供了保障。当 PLC 扫描到的指令被执行后，其结果马上就被后面将要扫描到的指令所利用，而且还可通过 CPU 内部设置的监视定时器来监视每次扫描是否超过规定时间，避免由于 CPU 内部故障使程序执行进入死循环。

（二）PLC 的程序执行过程

PLC 程序执行的过程分为三个阶段，即输入采样阶段、程序处理阶段、输出刷新阶段，如图 1-2-5 所示。

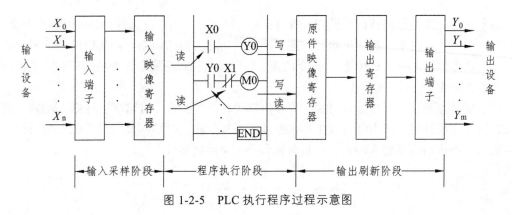

图 1-2-5　PLC 执行程序过程示意图

1. 输入采样阶段

输入采样也叫输入处理，在输入采样阶段，PLC 以扫描工作方式按顺序对所有输入端的输入状态进行采样，并存入输入映象寄存器中，此时输入映象寄存器被刷新。接着进入程序处理阶段，在程序执行阶段或其他阶段，即使输入状态发生变化，输入映象寄存器的内容也不会改变，输入状态的变化在下一个扫描周期的输入处理阶段才能被采样到。

2. 程序执行阶段

在程序执行阶段，PLC 程序按先上后下、先左后右的顺序，对梯形图程序进行逐句扫描。当遇到程序跳转指令时，则根据是否满足跳转条件来决定程序是否跳转。当指令中涉及输入、输出状态时，PLC 从输入映像寄存器和元件映象寄存器中读出数据，并根据采样到的输入映像寄存器中的结果进行逻辑运算，运算结果再存入有关映象寄存器中。对于元件映象寄存器来说，其内容会随程序执行的过程而变化。

3. 输出刷新阶段

当所有程序执行完毕后，进入输出处理阶段。在这一阶段里，PLC 将输出映象寄存器中与输出有关的状态（输出继电器状态）转存到输出锁存器中，并通过一定方式输出，驱动外部负载。

因此，PLC 在一个扫描周期内，对输入状态的采样只在输入采样阶段进行。当 PLC 进入程序执行阶段后，输入端将被封锁，直到下一个扫描周期的输入采样阶段才对输入状态进行重新采样。这方式称为集中采样，即在一个扫描周期内，集中一段时间对输入状态进行采样。在用户程序中，如果对输出结果多次赋值，则仅最后一次赋值有效。在一个扫描周期内，只在输出刷新阶段才将输出状态从输出映象寄存器中输出，对输出接口进行刷新。在其他阶段，输出状态一直保存在输出映象寄存器中。这种方式称为集中输出。

对于小型 PLC，其 I/O 点数较少，用户程序较短，一般采用集中采样、集中输出的工作方式。这种工作方式虽然在一定程度上降低了系统的响应速度，但使 PLC 工作时大多数时间与外部输入/输出设备隔离，从根本上提高了系统的抗干扰能力，增强了系统的可靠性。而对于大中型 PLC，其 I/O 点数较多，控制功能强，用户程序较长，为提高系统响应速度，可以采用定期采样、定期输出方式，或中断输入、输出方式，以及采用智能 I/O 接口等多种方式。

从上述分析可知，从 PLC 输入端的输入信号发生变化到 PLC 输出端对该输入变化做出反应，需要一段时间，这种现象称为 PLC 输入／输出响应滞后。对一般的工业控制，这种滞后是完全允许的。应该注意的是，这种响应滞后不仅是由于 PLC 扫描工作方式造成，也有一个重要的原因是 PLC 输入接口的滤波环节带来的输入延迟，以及输出接口中驱动器件的动作时间带来输出延迟，同时还与程序设计有关。滞后时间是设计 PLC 应用系统时应注意把握的一个参数。

【任务拓展】

在认识 PLC 的组成结构和工作原理的基础上，为了对 PLC 有一个更深入的了解，请查阅资料详细了解三菱 FX_{2N} 的性能和产品规格。

【知识测评】

1. 填空题

（1）PLC 的基本结构由＿＿＿＿＿、＿＿＿＿＿＿、＿＿＿＿＿＿、＿＿＿＿＿、＿＿＿＿＿等组成。

（2）PLC 的存储器包括＿＿＿＿＿和＿＿＿＿＿＿。

（3）PLC 采用＿＿＿＿＿＿＿＿工作方式是 PLC 区别于微型计算机的最大特点。一个扫描周期可分为＿＿＿＿＿＿＿、＿＿＿＿＿＿＿、＿＿＿＿＿＿、＿＿＿＿＿＿＿和＿＿＿＿＿＿＿ 5 个阶段。

（4）PLC 是专为工业控制设计的，为了提高其抗干扰能力，输入、输出接口电路均采用＿＿＿＿＿电路；输出接口电路有＿＿＿＿＿、＿＿＿＿＿、＿＿＿＿＿＿3 种输出方式，以适用于不同负载的控制要求。其中高速、大功率的交流负载，应选用＿＿＿＿＿＿输出接口电路。

（5）在 PLC 控制中，完成一次扫描所需时间称为＿＿＿＿＿＿。

（6）PLC 工作方式选择开关有＿＿＿＿＿和＿＿＿＿＿两档。

（7）PLC 的工作方式为＿＿＿＿＿＿＿＿＿ 。

2. 选择题

（1）PLC 的核心是（　　）。

    A. CPU   B. 存储器

    C. 输入输出接口   D. 通信接口

（2）下列不属于 PLC 硬件系统组成的是（　　）。

    A. CPU   B. 存储器

    C. 输入输出接口   D. 用户程序

（3）用户设备需输入 PLC 的各种控制信号，通过（　　）将这些信号转换成中央处理器能够接收和处理的信号。

    A. CPU   B. 输出接口电路

　　　　C. 输入接口电路　　　　　　　　D. 存储器

（4）（　　　）是将 PLC 与现场输入输出设备连接起来的部件。

　　　　A. 用户程序　　　　　　　　　　B. 输入输出接口电路

　　　　C. 中央处理器　　　　　　　　　D. 存储器

（5）在 PLC 中，可以通过编程器修改或增删的是（　　　）。

　　　　A. 用户程序　　　　　　　　　　B. 系统程序

　　　　C. 工作程序　　　　　　　　　　D. 任何程序

（6）PLC 每次扫描用户程序之前都可执行（　　　）。

　　　　A. 自诊断　　　　　　　　　　　B. 与编程器等通信

　　　　C. 输入取样　　　　　　　　　　D. 输出刷新

（7）PLC 程序执行时的结果保存在（　　　）。

　　　　A. 输出继电器　　　　　　　　　B. 元件映象寄存器

　　　　C. 输出锁存器　　　　　　　　　D. 通用寄存器

（8）下面影响 PLC 扫描周期长短的因素是（　　　）。

　　　　A. 输入接口响应的速度　　　　　B. 用户程序长短和 CPU 执行指令的速度

　　　　C. 输出接口响应的速度　　　　　D. I/O 的点数

3. 简答题

（1）简述 PLC 硬件系统的组成部分及其作用。

（2）简述三菱 FX 系列 PLC 的输出方式及其特点。

（3）简述 PLC 的工作过程。

任务三　FX 系列 PLC 的软元件认识

【任务目标】

1. 能力目标

（1）能熟练识别各软元件的名称、符号、功能。

（2）能简单分析各软元件的工作原理。

2. 知识目标

（1）了解三菱 FX 系列 PLC 的几种编程语言。

（2）掌握各软元件的名称、符号、功能及分类。

3. 素质目标

（1）具有较强的沟通和交流能力。

（2）具有较好的学习新知识、新技能及解决问题的能力。

【任务描述】

PLC 的软件由系统程序和用户程序组成。系统程序由 PLC 制造厂商设计编写，并存入 PLC 的系统存储器中，用户不能直接读写与更改。PLC 的用户程序是用户利用 PLC 的编程语言，根据控制要求编制的程序。在 PLC 的应用中，最重要的就是用 PLC 的编程语言来编写用户程序，以实现控制目的。该任务将重点学习认识各编程软元件。

【知识点】

一、PLC 的编程语言

PLC 是一种工业控制计算机，不仅有硬件，软件也是必不可少的。在 PLC 中软件分为两大部分，即系统程序和用户程序。

系统程序由 PLC 制造厂商设计编写，并存入 PLC 的系统存储器中，用户不能直接读写与更改。系统程序一般包括系统诊断程序、输入处理程序、编译程序、信息传送程序、监控程序等。PLC 的用户程序是用户利用 PLC 的编程语言，根据控制要求编制的程序。在 PLC 的应用中，最重要的就是用 PLC 的编程语言来编写用户程序，以实现控制目的。由于 PLC 是专门为工业控制而开发的装置，其主要使用者是广大电气技术人员，为了满足他们的传统习惯和掌握能力，PLC 的主要编程语言采用比计算机语言相对简单、易懂、形象的专用语言。PLC 编程语言是多种多样的，不同生产厂家、不同系列的 PLC 产品采用的编程语言也不尽相同。目前，PLC 为用户提供了多种编程语言，以适应编制用户程序的需要，PLC 提供的编程语言通常有以下几种：梯形图、指令表、顺序功能图和功能块图。

FX_{2N} 系列 PLC 的编程方式主要有三种：梯形图编程、指令表编程和顺序功能图编程。以下简要介绍几种常见的 PLC 编程语言。

（一）梯形图编程

梯形图语言是在传统继电器控制系统中常用的接触器、继电器等图形表达符号的基础上演变而来的。它与电气控制线路图相似，继承了传统继电器控制逻辑中使用的框架结构、逻辑运算方式和输入输出形式，具有形象、直观、简单明了，易于理解的特点，特别适合开关量逻辑控制，是 PLC 最基本、最常用的编程语言。因此，这种编程语言为广大电气技术人员所熟知，是应用最广泛的 PLC 的编程语言，是 PLC 的第一编程语言。如图 1-3-1 所示是传统的电气控制线路图和 PLC 梯形图。

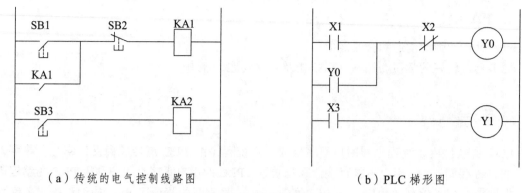

（a）传统的电气控制线路图　　　　　（b）PLC 梯形图

图 1-3-1　两种图形比较

从图中可以看出，两种图形基本思路是一致的，具体表达方式有一定区别。PLC 的梯形图由触点符号、继电器线圈符号组成，在这些符号上标注操作数。每行梯形图以母线开始，以继电器线圈结尾，右边以地线终止。采用梯形图编程时，在编程软件的界面上有常开、常闭触点和继电器线圈符号，用鼠标直接单击这些符号，然后填写操作数就能进行编程。PLC 对梯形图语言的用户程序进行循环扫描，从第一条至最后一条，周而复始。

2. 语句表（指令表）编程

语句表是用助记符来表达 PLC 的各种功能。它类似计算机的汇编语言，但比汇编语言通俗易懂，也是应用较为广泛的一种编程语言。使用语句表编程时，编程设备简单，逻辑紧凑，系统化，连接范围不受限制，但比较抽象。一般可以与梯形图互相转化，互为补充。目前，大多数 PLC 都有语句表编程功能。虽然各个 PLC 生产厂家的语句表形式不尽相同，但基本功能相差无几。以下是与图 1-3-1 中 PLC 梯形图对应的语句表编写的程序。

步号	操作码（指令）	操作数（数据）
0	LD	X1
1	OR	Y0
2	ANI	X2
3	OUT	Y0
4	LD	X3
5	OUT	Y1

可以看出，语句是语句表程序的基本单元，每个语句由步号、操作码（指令）和操作数（数据）三部分组成。步号是用户程序中的序号，一般由编程器自动依次给出。操作码就是 PLC 指令系统中的指令代码，指令助记符。它表示需要进行的工作。操作数则是操作对象，主要是继电器的类型和编号，每一个继电器都用一个字母开头，后缀数字，表示属于哪类继电器的第几号继电器。一条语句就是给 CPU 的一条指令，规定其对谁（操作数）做什么工作（操作码）。一个控制动作由一条或多条语句组成的应用程序来实现。PLC 对语句表编写的用户程序同样进行循环扫描，从第一条至最后一条，周而复始。

3. 顺序功能图编程

顺序功能图编程（SFC 编程）是一种较新的编程方法，又称状态转移图编程。它采用画工艺流程图的方法编程,如图 1-3-2 所示。只要在每个工艺方框的输入和输出端,标上特定的符号即可。它将一个完整的控制过程分为若干阶段,各阶段具有不同的动作,阶段间有一定的转换条件,转换条件满足就实现阶段转移,上一阶段动作结束,下一阶段动作开始。用功能表图的方式来表达控制过程,对于顺序控制系统特别适用。许多 PLC 都提供了用于 SFC 编程的指令,它是一种效果显著、深受欢迎的编程语言,目前国际电工委员会(IEC)也正在实施并发展这种语言的编程标准。

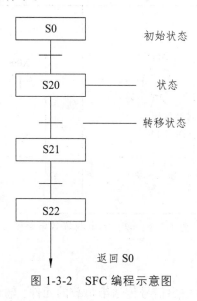

图 1-3-2 SFC 编程示意图

从上面的介绍可以看出,用梯形图或语句表编写的程序可进行转换,用 SFC 编写的顺序控制程序也能转换成梯形图或语句表,十分方便。用户可根据实际情况合理选用相应的编程方式。

二、PLC 的软元件

在常用的电气控制电路中,采用电气开关、继电器、接触器等组成电路。PLC 内部有许多具有不同功能的器件,实际上这些器件是由电子电路和存储器组成的。为了把它们与通常的硬器件区分开,通常把这些器件称为软元件,是等效概念抽象模拟的器件,并非实际的物理器件。在 PLC 控制系统中,采用内部存储单元(软元件)模拟各种常规电气控制元件。PLC 内部有大量由软元件组成的内部继电器,这些软元件按一定的规则进行编号。三菱 FX$_{2N}$ 系列的 PLC 软元件的名称由字母和数子组成,它们分别表示软元件的类型和软元件号。如 X0、Y1、S0、D100 等。其中 X、Y、S、D 表示软元件的类型,0、1、0、100 表示软元件号。但是根据使用 PLC 的 CPU 不同,所使用的软元件也会不同。下面以 FX$_{2N}$ 为例,介绍 PLC 内部的软元件,在 FX$_{2N}$ 系列中用 X 表示输入继电器、Y 表示输出继电器、M 表示辅助继电器、D 表示数据寄存器、T 表示定时器、C 表示计数器、S 表示状态继电器。

（一）输入继电器 X

输入继电器是 PLC 用来接受用户输入设备发出的输入信号。输入继电器只能由外部信号所驱动，不能用程序内部的指令来驱动。因此，在程序中输入继电器只有触点（常开、常闭触点可以重复多次使用）。由前文所述，输入模块可等效输入继电器的输入线圈，其等效电路如图 1-3-3 所示。

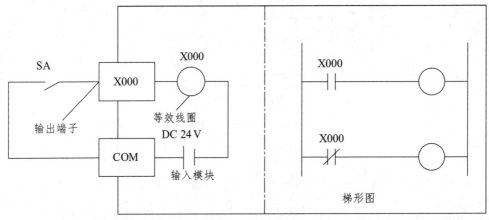

图 1-3-3　输入继电器等效电路图

（二）输出电器 Y

输出继电器是 PLC 用来将输出信号传送给负载的元件。输出继电器由内部程序驱动，其触点有两类：一类是由软件构成的内部触点（软触点，程序里可以多次重复使用）；另一类则是由输出模块构成的外部触点（硬触点），它具有一定的带负载能力。其等效电路如图 1-3-4 所示。

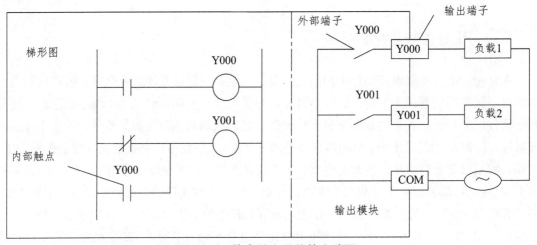

图 1-3-4　输出继电器等效电路图

从图 1-3-3 和图 1-3-4 中可看出，输入继电器或输出继电器都是由硬件（I/O 单元）和软件构成的。因此，由软件构成的内部触点可任意取用，不限数量，而由硬件构成的外部触点只能单一使用。硬件输入/输出继电器的地址编号采用八进制，地址分配表如表 1-3-1 所示。

表 1-3-1　输入/输出继电器的地址分配表

型　号	FX$_{2N}$-16 M	FX$_{2N}$-32 M	FX$_{2N}$-48 M	FX$_{2N}$-64 M	FX$_{2N}$-80 M	FX$_{2N}$-128 M	带扩展	
输入继电器 X	X000～X007 8 点	X000～X017 16 点	X000～X027 24 点	X000～X037 32 点	X000～X047 40 点	X000～X077 64 点	X000～X267（X177） 184 点（128 点）	输入输出合计 256 点
输出继电器 Y	Y000～Y007 8 点	Y000～Y017 16 点	Y000～Y027 24 点	Y000～Y037 32 点	Y000～Y047 40 点	Y000～Y077 64 点	Y000～Y267（Y177） 184 点（128 点）	

（三）辅助继电器 M

辅助继电器相当于电气控制中的中间继电器，是 PLC 中数量最多的一种继电器，它存储中间状态或其他信息。辅助继电器不能直接驱动外部负载，只能在程序中驱动输出继电器的线圈，负载只能由输出继电器的外部触点驱动。辅助继电器的常开与常闭触点在 PLC 内部编程时可无限次使用。辅助继电器的地址编号采用十进制，共分为三类：通用型辅助继电器、断电保持型辅助继电器和特殊用途辅助继电器。辅助继电器的地址编号和功能如表 1-3-2 所示。

表 1-3-2　辅助继电器地址编号和功能

辅助继电器 M	M0～M499　500 点	M500～M3071　2 048 点	M8000～M8255　256 点
功能	通用	保存用	特殊用

1. 通用辅助继电器

通用辅助继电器 M0～M499，共有 500 点。通用辅助继电器在 PLC 运行时，如果电源突然断电，则全部线圈均"OFF"。当电源再次接通时，除了因外部输入信号而变为"ON"的线圈外，其余的仍将保持"OFF"状态，它们没有断电保护功能。通用辅助继电器常在逻辑运算中用于辅助运算、状态暂存、移位等。根据需要可通过程序设定，将 M0～M499 变为断电保持辅助继电器。

2. 断电保持辅助继电器

断电保持辅助继电器 M500～M3071，共 2 572 点。它与普通辅助继电器不同的是具有断电保护功能，即能记忆电源中断瞬时的状态，并在重新通电后再现其状态。它之所以能在电源断电时保持其原有的状态，是因为电源中断时用 PLC 中的锂电池保持它们在映象寄存器中的内容。其中 M500～M1023 可由软件将其设定为通用辅助继电器。

3. 特殊辅助继电器

PLC 内有大量的特殊辅助继电器，它们都有各自的特殊功能。FX$_{2N}$ 系列中 M8000～M8255，有 256 个特殊辅助继电器，可分成触点型和线圈型两大类：

1）触点型

触点型的线圈由 PLC 自动驱动，用户只可使用其触点。例如：

M8000：运行监视器（在 PLC 运行中接通），M8001 与 M8000 逻辑相反。

M8002：初始脉冲（仅在运行开始时瞬间接通），M8003 与 M8002 逻辑相反。

M8011、M8012、M8013 和 M8014：分别为产生 10 ms、100 ms、1 s 和 1 min 时钟脉冲

的特殊辅助继电器。

2）线圈型：

由用户程序驱动线圈后 PLC 执行特定的动作。例如：

M8033：若使其线圈得电，则 PLC 停止时保持输出映象存储器和数据寄存器的内容。

M8034：若使其线圈得电，则将 PLC 的输出全部禁止。

M8039：若使其线圈得电，则 PLC 按 D8039 中指定的扫描时间工作。

（四）状态继电器 S

状态继电器用来记录系统运行的状态，是编制顺序控制程序的重要编程元件，它与后述的步进指令 STL 配合使用，也可作为通用继电器使用。状态继电器有 5 种类型：初始状态继电器 S0 ~ S9 共 10 点；回零状态继电器 S10 ~ S19 共 10 点；通用状态继电器 S20 ~ S499 共 480 点；具有断电保持的状态继电器 S500 ~ S899 共 400 点；供报警用的状态继电器（可用作外部故障诊断输出）S900 ~ S999 共 100 点。状态继电器的地址编号和功能如表 1-3-3 所示。

表 1-3-3　状态继电器地址编号和功能

状态继电器 S	S0 ~ S9	10 点	初始用	S500 ~ S899 400 点	S900 ~ S99　100 点
功能	S10 ~ S19	10 点	返回原点用	断电保持用	报警用
	S20 ~ S499	480 点	通用		

在使用状态继电器 S 时应注意：

（1）状态继电器与辅助继电器一样有无数的常开和常闭触点。

（2）状态继电器不与步进顺控指令 STL 配合使用时，可作为辅助继电器 M 使用。

（3）FX$_{2N}$ 系列 PLC 可通过程序设定将 S0 ~ S499 设置为有断电保持功能的状态继电器。

（五）定时器 T

PLC 中的定时器 T 相当于继电器控制系统中的通电延时型时间继电器。它可以提供无限对常开常闭延时触点。FX$_{2N}$ 系列中定时器时可分为通用型定时器、积算型定时器两种。它们是通过对一定周期的时钟脉冲进行累计而实现定时的，时钟脉冲周期有 1 ms、10 ms、100 ms 三种，当所计脉冲数达到设定值时触点动作。设定值可用常数 K 或数据寄存器 D 的内容来设置。定时器的地址编号和功能如表 1-3-4 所示。

表 1-3-4　定时器地址编号和功能

定时器 T	T0 ~ T199　200 点	T200 ~ T245 46 点	T246 ~ T249　4 点	T250 ~ T255　6 点
功能	100 ms	10 ms	1 ms 积算 执行中断用 断电保持型	100 ms 积算 断电保持型
	T192 ~ T199 子程序用			

（六）计数器 C

计数器是靠输入脉冲由低电平到高电平变化，进行累计计数的，结构类似于定时器。FX$_{2N}$

型计数器根据其目的和用途可以分为如下两种：

1. 内部计数器

内部计数器对内部信号计数，有 16 位和 32 位计数器，该计数器的应答频率通常在 10 Hz 以下。

2. 高速计数器

高速计数器响应频率较高，最高响应频率为 60 kHz，因此在频率较高时应采用高速计数器。FX$_{2N}$ 编程控制器的内置高速计数器编号分配在输入 X000～X007，且不可重复使用。而不作为高速计器使用的输入编号可在顺控程序中作为普通的输入继电器使用。此外，不作为高速计数器使用的高速计数器编号也可以作为 32 位数据寄存器使用。计数器的地址分配及功能如表 1-3-5 所示。

表 1-3-5 计数器地址分配及功能

计数器 C	16 位加法计数器		32 位可逆计数器		32 位高数可逆计数最大 6 点		
	C0～C99	C100～C199	C200～C219	C220～C234	C235～C245	C246～C250	C251～C255
	100 点	100 点	20 点	15 点			
功能	通用	保持用	通用	断电保持	1 相单向计数输入	1 相双向计数输入	2 相计数输入

（七）数据寄存器 D

数据寄存器是专门用来存放数据的软元件，用于数据传送、数据运算等操作。可编程序控制器中的寄存器用于存储模拟量控制、位置量控制、数据 I/O 所需的数据及工作参数。每一个数据寄存器都是 16 位，可以将两个数据寄存器合并起来存放 32 位数据。数据寄存器通常有以下几种，其地址分配如表 1-3-6 所示。

表 1-3-6 数据寄存器地址分配表

数据寄存器 D、V、Z	D0～D199	D200～D511	D512～D7999	D8000～D8195	V7～V0 Z7～Z0
	200 点	312 点	7488 点	196 点	16 点
功能	通用	保持用	保持用	特殊用	变址用
嵌套指针	Z0～Z7 8 点 主控用	P0～P63 64 点 跳转子程序用 分支指针	100*～150* 6 点 输入中断指针	16*～18** 3 点 定时中断指针	I010～I060 6 点 计数中断指针
常数 K	16 位 －32 768～32 767		32 位 －2 147 483 648～2 147 483 647		
常数 H	16 位 0～FFFH		32 位 0～FFFFFFFFH		

1. 通用数据寄存器

通用数据寄存器 D0～D199，200 点，默认为数据断电消失，通过参数设定可以变更为断电保持型数据寄存器。

2. 断电保持数据寄存器

断电保持数据寄存器 D200 ~ D511，312 点，除非改写，否则原有数据不会丢失。无论电源接通与否，PLC 运行与否，其内容都不会变化，但通过参数设定可以变为非断电保持型数据寄存器。

3. 特殊数据寄存器

特殊数据寄存器 D8000 ~ D8195，196 点，这些数据寄存器用于监控 PLC 中各种元件的运行方式，其内容在电源接通（ON）时，写入初始化值（全部先清零，然后由系统 ROM 写入初始值）。

4. 文件寄存器

文件寄存器 D512 ~ D7999，7488 点，用于存储大量的数据，例如采集数据、统计计算数据、多组控制参数等。其数量由 CPU 的监控软件决定，但可以通过扩充存储卡的方法加以扩充。

（八）变址寄存器 V、Z

FX_{2N} 系列 PLC 的变址寄存器 V0 ~ V7，Z0 ~ Z7，16 点，与普通的数据寄存器一样，是进行数值数据的读入、写出的 16 位数据寄存器。

（九）指针 P、I

分支用指针 P，中断用指针 I。在梯形图中，指针放在左侧母线的左边。

（十）嵌套层数 N

嵌套层数是专门指定嵌套层数的编程软件，和 MC、MCR 一起使用。在 PLC 中有 N0 ~ N7，8 个。

（十一）常数 K、H、E

常数是程序中必不可少的编程元件，分别用字母 K、H、E 来表示。十进制数 K 主要用于：① 定时器和计数器的设定值；② 辅助继电器、定时器、计数器、状态继电器等软元件编号；③ 指定应用指令操作数中的数值与指令动作。十六制数 H 同十进制数一样，用于指定应用指令操作数中的数值与指令动作。浮点数 E 主要用于指定操作数的数值。

应该说明的是，以上所讲的内容都是以 FX_{2N} 系列为例。不同类型的 PLC，其元件地址编号分配都不相同，功能也各有特点，读者在使用时应仔细阅读相应的用户手册。

【任务拓展】

在认识 FX 系列 PLC 内部资源分配的基础上，查阅相关资料了解施耐德 Twido 系列 PLC 内部资源分配情况。

【知识测评】

1. 填空题

（1）FX$_{2N}$ 系列 PLC 的编程方式主要有三种：_____、_____和_____。

（2）在三菱 PLC 中输入继电器符号用_____表示，输出继电器符号用_____表示；T 表示_____、C 表示_____、S 表示_____。

（3）指令表编写的用户程序中，语句是最小的程序组成部分，它由_____、_____、_____ 组成。

（4）在 PLC 控制系统中，采用内部_____模拟各种常规电气控制元件。

（5）FX$_{2N}$ 系列辅助继电器根据功能可以分为_____、_____和_____三种。

（6）PLC 中的定时器相当于继电器控制系统中的_____。

（7）FX$_{2N}$ 中的定时器，功能相当于继电控制系统中的时间继电器，定时器是根据时钟脉冲的累积计时的，时钟脉冲有_____、_____和_____三种，当所计时间到达设定值时，其输出触点动作。

（8）FX$_{2N}$ 系列 PLC 提供了两类计数器，一类是_____，另一类是_____。

2. 选择题

（1）PLC 中梯形图指令语句表指令的关系是（　　　）。

    A. 梯形图可以转成语句表，但是语句表不能转成梯形图

    B. 一一对应

    C. 语句表可以转成梯形图，但是梯形图不能转成语句表

    D. 相互独立

（2）在 FX$_{2N}$ 系列 PLC 内部的软元件中，用 M 表示（　　　）。

    A. 辅助继电器   B. 数据寄存器

    C. 计数器   D. 状态继电器

（3）FX$_{2N}$ 系列辅助继电器中（　　　）具有断电保护功能，即能记忆电源中断瞬时的状态，并在重新通电后再现其状态。

    A. 通用型辅助继电器   B. 状态继电器

    C. 断电保持型辅助继电器   D. 特殊用途辅助继电器

（4）（　　　）是专门用来存放数据的软元件，供数据传送、数据运算等操作。

    A. 输入继电器   B. 辅助继电器

    C. 数据寄存器   D. 输出继电器

（5）（　　　）相当于电气控制中的中间继电器，是 PLC 中数量最多的一种继电器，它存储中间状态或其他信息。

    A. 输入继电器   B. 辅助继电器

C. 数据寄存器　　　　　　　　　D. 输出继电器

（6）下列特殊辅助继电器中，属于 1 s 时钟脉冲特殊辅助继电器的是（　　　）。

A. M8011　　　　　　　　　　　　B. M8012

C. M8013　　　　　　　　　　　　D. M8014

（7）定时器 200 点（T0～T199）为（　　　）定时器。

A. 1 ms 积算型　　　　　　　　　B. 100 ms 积算型

C. 非积算型　　　　　　　　　　D. 不确定

（8）定时器 T10 的时间设定值为 K50，则其实际设定时间为（　　　）。

A. 0.05 s　　　　　　　　　　　　B. 0.5 s

C. 5 s　　　　　　　　　　　　　D. 50 s

3. 简答题

（1）简述 FX_{2N} 系列 PLC 的编程语言及特点。

（2）简述输入继电器和输出继电器的特点及应用。

（3）简述定时器的分类及应用。

任务四　FX 系列 PLC 编程软件认识及应用

【任务目标】

1. 能力目标

（1）能熟练安装编程软件。

（2）能熟练应用编程软件进行梯形图程序的输入、编辑、传送、调试等操作。

2. 知识目标

（1）熟悉 GX-Developer 编程软件界面。

（2）了解 GX-Developer 编程软件的主要功能。

3. 素质目标

（1）具有较强的沟通和交流能力。

（2）具有较好的学习新知识、新技能及解决问题的能力。

【任务描述】

不同机型的 PLC 使用不同的编程语言。常用的编程语言有梯形图、指令表、控制系统流程图三种。三菱 FX 系列的 PLC 也不例外，其编程的主要手段主要有手持式简易编程器、便携式图形编程器和微型计算机等。三菱 FX 系列 PLC 还有一些编程开发软件，如 GX 开发器，用于生成涵盖所有三菱 PLC 设备的软件包。使用该软件可以为 FX、A 系列等 PLC 生成程序，这些程序可在 Windows 操作系统上运行，便于操作和维护。该软件可以用梯形图、语句表等进行编程，程序兼容性强。GX-Developer 编程软件包是一个专门用来开发 FX 系列 PLC 程序的软件包，它可用梯形图、指令表和顺序功能图来写入和编辑程序，并能进行各种编程方式的转换。由于它运用于 Windows 操作系统，可大大提高调试操作和维护操作的工作效率，并具有较强的兼容性。本次任务的主要内容是学习 GX-Developer 编程软件包的安装和使用。

【任务实施】

一、GX-Developer 编程软件的操作界面

打开 GX-Developer 软件后，会出现如图 1-4-1 所示的操作界面。该界面主要由项目标题栏（状态栏）、下拉菜单（主菜单栏）、快捷工具栏、编辑窗口、管理窗口等部分组成。在调试模式下，还可打开远程运行窗口、数据监视窗口等。

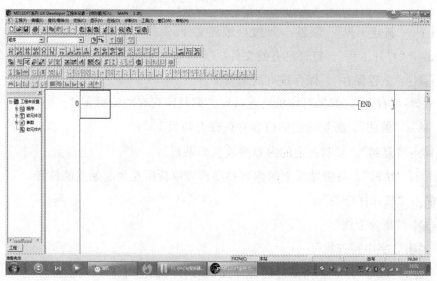

图 1-4-1　GX-Developer 软件的操作界面

（一）菜单栏

GX-Developer 的下拉菜单（主菜单栏）包含工程、编辑、查找/替换、变换、显示、在线、诊断、工具、窗口、帮助等 10 个下拉菜单，如图 1-4-2 所示。每个菜单又有若干个菜单项。

工程(F)　编辑(E)　查找/替换(S)　变换(C)　显示(V)　在线(O)　诊断(D)　工具(T)　窗口(W)　帮助(H)

图 1-4-2　菜单栏

（二）工具栏

工具栏中有"标准"工具条、"梯形图符号"工具条、"工程数据切换"工具条、"工程参数列表切换"按钮、"梯形图标记"工具条、"程序"处理按钮和"SFC"编程按钮等，如图1-4-3 所示。这些工具条或按钮都可在菜单栏中找到。为了使用方便，还可以使用快捷键启动这些功能或按钮，这样有助于快速编程。

图 1-4-3　工具栏

1. "标准"工具条（见图 1-4-4）

图 1-4-4　"标准"工具条

（1）：："新建工程"，新建一个 PLC 编程文件。

（2）：："打开工程"，打开已有的文件。

（3）：："工程保存"，保存现有的编辑文件。

（4）：："打印"，如果打印机已连接好，则打印现有的编辑文件。

（5）：："剪切"，剪切选定的内容并放在剪贴板上。

（6）：："复制"，复制选定的内容并放在剪贴板上。

（7）：："粘贴"，将剪贴板上的内容粘贴到以鼠标所在为起始点的位置。

（8）：："软元件查找"。

（9）：："指令查找"。

（10）：："字串符查找"。

（11）：："PLC 写入"，将编好的程序变换后写入 PLC 中，以便运行。

（12）：："PLC 读取"，将 PLC 中的程序读出来放在计算机中，以便检查或修改。

（13）：："软元件登录监视"。

（14）：："软元件成批监视"。

（15）：："软元件测试"。

（16）：："参数检查"。

2. "工程数据切换""注释"等工具条

该工具条可在程序、参数、注释、编程元件内存这 4 个项目中切换。如图 1-4-5 所示。

图 1-4-5　"工程数据切换"工具条

3. "梯形图符号"工具条（见图 1-4-6）

图 1-4-6　"梯形图符号"工具条

（1）："常开触点"，单击此按钮或按 F5 输入常开触点。

（2）："并联常开触点"，单击此按钮或按 Shift+F5 输入常开触点。

（3）："常闭触点"，单击此按钮或按 F6 输入常闭触点。

（4）："并联常闭触点"，单击此按钮或按 Shift+F6 输入常闭触点。

（5）："线圈"，单击此按钮或按 F7 输入线圈。

（6）："应用指令"，单击此按钮或按 F8 输入应用指令。

（7）："画横线"，单击此按钮或按 F9 画横线。

（8）："画竖线"，单击此按钮或按 Shift+F9 画竖线。

（9）："横线删除"，单击此按钮或按 Ctrl+F9 删除横线。

（10）："竖线删除"，单击此按钮或按 Ctrl+F10 删除竖线。

（11）："上升沿脉冲"，单击此按钮或按 Shift+F7 输入上升沿脉冲。

（12）："下降沿脉冲"，单击此按钮或按 Shift+F8 输入下降沿脉冲。

（13）："并联上升沿脉冲"，单击此按钮或按 Alt+F7 输入并联上升沿脉冲。

（14）："并联下降沿脉冲"，单击此按钮或按 Alt+F8 输入并联下降沿脉冲。

（15）："运算结果取反"，单击此按钮或按 Caps+F10 使运算结果取反。

（16）："划线输入"，单击此按钮或按 F10 划线输入。

（17）："划线删除"，单击此按钮或按 Alt+F9 将划线删除。

4. "程序"工具条（见图 1-4-7）

图 1-4-7　"程序"工具条

（1）："梯形图/列表显示切换"，即梯形图与指令表相互转换。

（2）："读出模式"。

（3）："写入模式"。

（4）："监视模式"。

（5）："监视（写入模式）"。

（6）："注释编辑"。

（7）："声明编辑"。

（8）："注解项编辑"。

（9）："梯形图登录监视"。

（10）："触点线圈查找"。

（11）："程序检查"。

（12）："梯形图逻辑测试启动/结束"。

5．"SFC 符号"工具条

该工具条可对 SFC 程序进行块变换、块信息设置、排序、块监视操作。如图 1-4-8 所示。

图 1-4-8　"SFC 符号"工具条

（三）工程参数列表

工程参数列表如图 1-4-9 所示。

图 1-4-9　工程参数列表

列表中显示程序（MAIN）、软元件注释（COMMENT）、参数（PLC 参数）、软元件内存等内容，可实现这些项目的数据设定。

二、GX-Developer 编程软件的安装

在上机进行 PLC 编程设计之前，必须先对编程软件进行安装。

（1）打开三菱 PLC 编程软件 GX Developer 文件夹，如图 1-4-10 所示。

图 1-4-10

（2）在安装软件前，应首先安装使用（通用）环境，否则编程软件就无法正常安装使用。打开文件夹"EnvMEL"，找到使用环境安装图标，双击"SETUP"进行安装，如图 1-4-11 所示。

（a）　　　　　　　　　（b）

图 1-4-11

（3）使用环境安装完成后，就可以实施软件的安装了。点击"后退"按钮，返回到原来的文件夹"GX Developer"，点击"SETUP"进行安装，如图 1-4-12 所示。

（a）　　　　　　　　　（b）

图 1-4-12

（4）软件安装完毕之后，点击"开始"，在"程序"里可以找到安装好的文件，如图 1-4-13 所示。

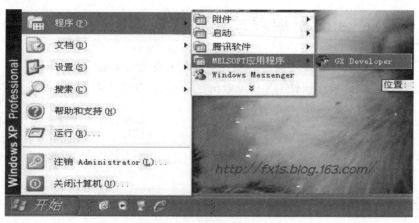

图 1-4-13　系统启动画面

三、GX-Developer 编程软件的使用

（一）GX-Developer 编程软件的启动与退出

1. 系统启动

要启动 GX-Developer 软件，可单击桌面的"开始/程序"，选择"MELSOFT 应用程序" →"GX-Developer"选项，如图 1-4-13 所示。然后单击该选项，就会打开 GX-Developer 窗 口，如图 1-4-14 所示。

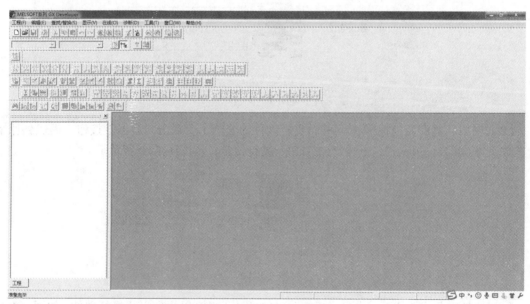

图 1-4-14　打开的 GX-Developer 窗口

2. 系统退出

用鼠标单击"工程"菜单下的"关闭"命令，即可退出 GX-Developer 系统。

（二）文件管理

1. 创建新工程

在图 1-4-14 的 GX-Developer 窗口中，选择"工程"→"创建新工程"菜单项，或者按【Ctrl】+【N】键操作。在出现的创建新工程对话框中，PLC 系列选择"FXCPU"，PLC 类型选择"FX2N（C）"，程序类型选择"梯形图"，如图 1-4-15 所示。单击"确定"，可显示如图 1-4-16 所示的编程窗口。如单击"取消"按钮，则不建新工程。

图 1-4-15　创建新工程对话框

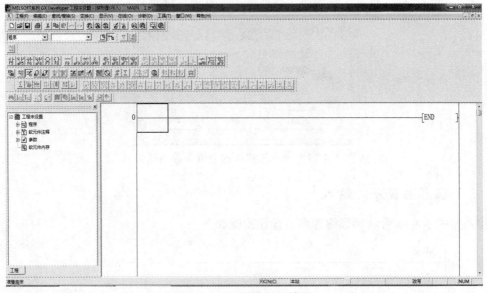

图 1-4-16　创建工程结果

（1）PLC 系列：有 QCPU（Q 模式）系列、QCPU（A 模式）系列、QnA 系列、ACPU 系列、运动控制 CPU（SCPU）系列和 FXCPU 系列。

（2）PLC 类型：根据所选择的 PLC 系列，确定相应的 PLC 类型。

（3）程序类型：可选"梯形图"或"SFC"，当在 QCPU（Q 模式）中选择 SFC 时，MELSAP-L 亦可选择。

（4）标签设定：当无须制作标号程序时，选择"不使用标签"；制作标号程序时，选择"使用标签"；制作标号+FB 程序时，选择"标号+FB 程序"。

（5）生成和程序同名的软元件内存数据：新建工程时，生成和程序同名的软元件内存数据。

（6）工程名设置：工程名用作保存新建的数据，在生成工程前设定工程名，单击选中复选框；另外，工程名于生成工程前设定，若生成工程后需要重新设定工程名，需要在"另存工程为……"设定。

（7）驱动器/路径：在生成工程前，设定工程名时可设定。

（8）工程名：在生成工程前，设定工程名时可设定。

（9）索引：在生成工程前，设定工程名时可设定。

（10）确定：所有设定完毕后，单击此按钮。

2. 文件的保存和关闭

保存当前 PLC 程序、注释数据及其他在同一文件名下的数据。操作方法：执行"工程"→"保存工程"菜单操作或用【Ctrl】+【S】键操作即可。将已处于打开状态的 PLC 程序关闭，操作方法是执行"工程"→"关闭工程"菜单操作即可。

在关闭工程时应注意：若在未设定工程名或者正在编辑时选择"关闭工程"，将会弹出一个咨询保存对话框，如图 1-4-17 所示。如果希望保存当前工程，应单击"是"按钮，否则应单击"否"按钮，如果希望继续编辑工程应单击"取消"按钮。

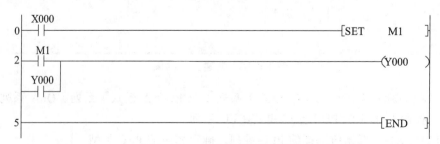

图 1-4-17　关闭工程时的咨询保存对话框

（三）梯形图程序的输入

输入如图 1-4-18 所示梯形图程序，操作步骤如下：

图 1-4-18　输入的梯形图实例

（1）新建一个工程，在菜单栏中选择"编辑"菜单→"写入模式"，如图 1-4-19 所示。在光标框处直接输入指令，或单击 ![图标]，弹出"梯形图输入"对话框，在对话框的文本输入框中输入"ID　X0"指令（ID 与 X0 之间需加空格），或在有梯形图标记的文本框中输入"X0"，如图 1-4-20 所示；最后单击对话框中的"确定"按钮或按【Enter】键，这时会出现如图 1-4-21 所示的画面。

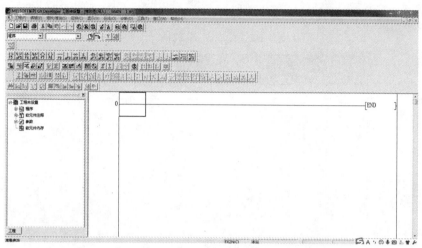

图 1-4-19　进入梯形图程序输入画面

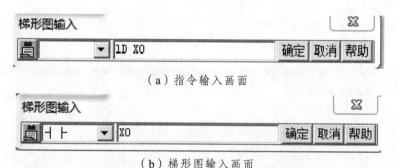

（a）指令输入画面

（b）梯形图输入画面

图 1-4-20　梯形图及指令表输入画面

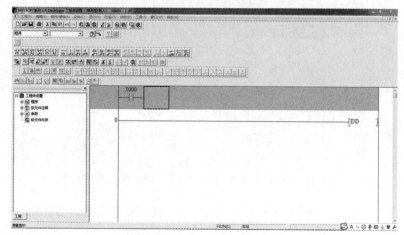

图 1-4-21　X000 输入完毕画面

（2）采用上述方法输入"SET M1"指令（或选择 [F8] 图标，然后输入相应的指令），输入完毕后单击"确定"，可得到如图 1-4-22 所示的画面。

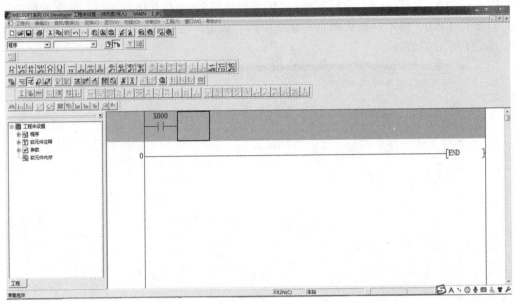

图 1-4-22 "SET M1"输入完毕画面

（3）再用上述方法输入"LD M1"和"OUT Y0"指令。图 1-4-23 所示为输入指令后的程序窗口。

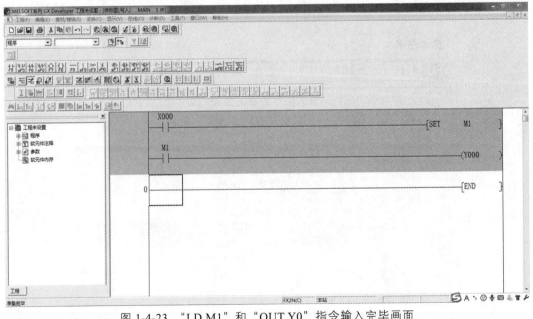

图 1-4-23 "LD M1"和"OUT Y0"指令输入完毕画面

（4）在图 1-4-23 的光标框处直接输入"OR Y0"或单击相应的 [sF5] 图标并输入指令。确定后，程序窗口中会显示已输入完毕的梯形图，如图 1-4-24 所示。至此，完成了程序的创建。

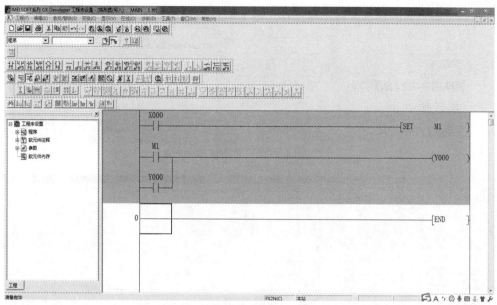

图 1-4-24　梯形图输入完毕画面

（四）梯形图的编辑操作

当梯形图输入完毕后，可通过执行"编辑"菜单栏中指令，对输入的程序进行修改和检查，如图 1-4-25 所示。

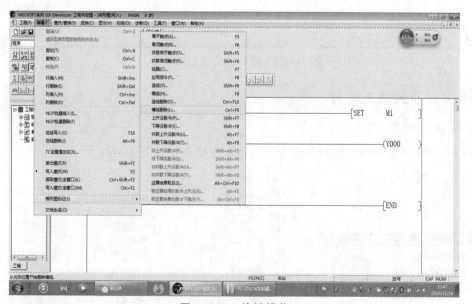

图 1-4-25　编辑操作

（五）梯形图的转换及保存操作

编辑好的程序需要执行"变换"菜单→"变换"操作，或按【F4】键变换后才能保存，如图 1-4-26 所示。在变换过程中会显示梯形图变换信息，如果在没有完成变换的情况下关闭梯形图窗口，新创建的梯形图将不被保存。图 1-4-27 所示为程序变换后的梯形图画面。

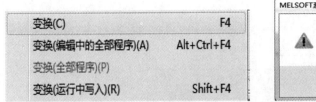

图 1-4-26　变换操作

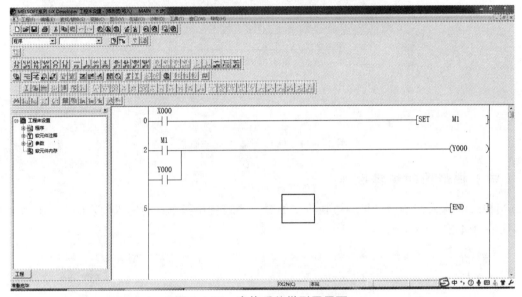

图 1-4-27　变换后的梯形图画面

（六）程序调试及运行

1. 程序的检查

执行"诊断"菜单→"诊断"命令，进行程序检查，如图 1-4-28 所示。

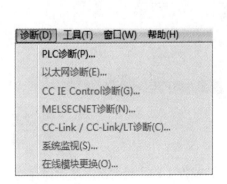

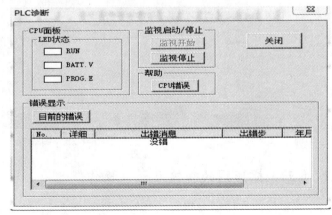

图 1-4-28　诊断操作

2. 程序的写入

PLC 在 STOP 模式下，执行"在线"菜单→"PLC 写入"命令，会出现 PLC 写入对话框，如图 1-4-29 所示，选择"参数"和"程序"，再按"执行"，从而完成程序写入。

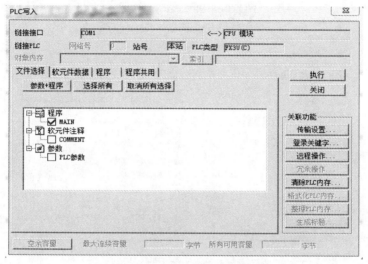

图 1-4-29 程序的写入操作

3. 程序的读取

PLC 在 STOP 模式下，执行"在线"菜单→"PLC 读取"命令，将 PLC 的程序发送到计算机中。

4. 程序的运行及监控

1) 运行

执行"在线" 菜单→ "远程操作"命令，弹出"远程操作"对话框，将 PLC 设为 RUN 模式，程序运行，如图 1-4-30 所示。

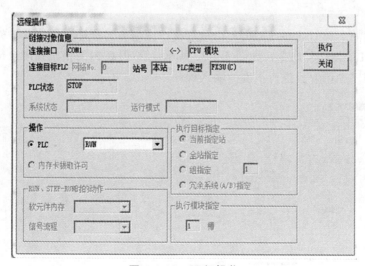

图 1-4-30 运行操作

2）监控

执行程序运行后，再执行"在线"菜单→"监视"命令，如图 1-4-31 所示，可对 PLC 的运行过程进行监控。结合控制程序，操作有关输入信号，观察输出状态。

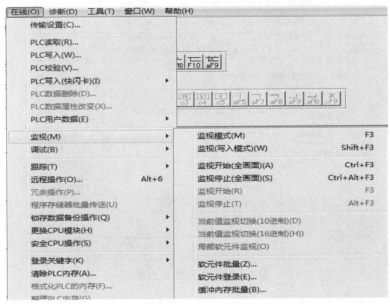

图 1-4-31　监控操作

5. 程序的调试

程序运行中出现的错误一般有两种：

1）一般错误

运行的结果与设计的要求不一致，需要对程序进行修改。先执行"在线"菜单→"远程操作"命令，将 PLC 设为 STOP 模式，再执行"编辑"菜单→"写入模式"命令，从程序读取开始执行（输入正确的程序），直到程序正确。

2）致命错误

PLC 停止运行，PLC 上的 ERROR 指示灯亮，则需要对程序进行修改。先执行"在线"菜单→"清除 PLC 内存"命令，如图 1-4-32 所示。将 PLC 内的错误程序全部清除后，再按上面的命令从程序中读取且执行正确的输入程序。

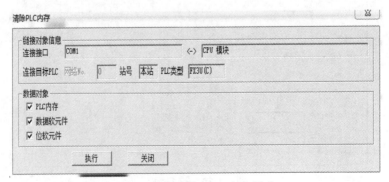

图 1-4-32　清除 PLC 内存操作

【任务评价】

序号	主要内容	考核要求	评分标准	配分	扣分	得分
1	软件安装	能正确进行 GX-Developer 软件的安装	编程软件安装的方法及步骤正确，否则每错一项扣 10 分	20		
2	程序输入及仿真调试	熟练正确地将所编程序输入 PLC；并进行模拟调试	1. 不会熟练操作 PLC 键盘输入指令，扣 2 分；2. 不会用删除、插入、修改、存盘等命令，每项扣 2 分	60		
3	安全文明生产	劳动保护用品穿戴整齐；遵守操作规程；讲文明礼貌；操作结束要清理现场	1. 操作中，违规安全文明生产考核要求的任何一项扣 5 分；2. 当发现学生有重大事故隐患时，要立即予以制止，并每次扣安全文明生产总分 5 分	20		
合 计				100		

【知识点】

一、GX-Developer 编程软件概述

三菱 GX-Developer 编程软件是三菱公司设计的在 Windows 环境下使用的 PLC 编程软件，它能够完成 Q 系列、QnA 系列、A 系列（包括运动 CPU）、FX 系列 PC 梯形图、指令表、SFC 等的编程，支持当前所有三菱系列 PLC 的软件编程。

该软件简单易学，具有丰富的工具箱和直观形象的视窗界面。编程时，既可用键盘操作，也可以用鼠标操作。操作时可联机编程。该软件还可以对以太网、MELSECNET/10（H）、CC-link 等网络进行参数设定，具有完善的诊断功能，能方便地实现网络监控。程序的上传、下载不仅可通过 CPU 模块直接连接完成，也可以通过网络系统[如以太网、MELSECNET/10（H）、CC-ink、电话线等]完成。下面以三菱 FX 系列（FX$_{2N}$）PLC 为例，介绍该软件的主要功能及使用方法。

GX-Developer 编程软件的功能十分强大，集成了项目管理、程序键入、编译链接、模拟仿真和程序调试等功能，其主要功能如下：

（1）在 GX- Developer 编程软件中，可通过电路符号、列表语言及 SFC 符号来创建 PLC 程序、建立注释数据及设置寄存器数据。

（2）创建 PLC 程序并将其存储为文件，可用打印机打印。

（3）该程序可在串行系统中对 PLC 进行通信、文件传送、操作监控及各种测试功能。

（4）该程序可脱离 PLC 进行仿真调试。

二、梯形图表示画面时的限制事项

（1）在 1 个画面上表示梯形图 12 行（800×600 像素画面缩小率 50%）。

（2）1 个梯形图块在 24 行以内制作，超出 24 行就会出现错误。

（3）1 个梯形图的触点数是 11 个触点和 1 个线圈。

三、梯形图编辑画面时的限制事项

（1）1 个梯形图块的最大编辑行数是 24 行。

（2）1 个梯形图块的编辑行数是 24 行，总梯形图块的行数最大为 48 行。

（3）数据的剪切最大行数是 48 行，块单元最大为 124 KB 步。

（4）数据的复制最大行数是 48 行，块单元最大为 124 KB 步。

（5）读取模式下剪切、复制、粘贴等编辑功能不可用。

（6）主控操作（MC）的记号不能编辑，读取模式、监视模式下表示 MC 记号（写入模式时 MC 记号不表示）。

（7）1 个梯形图块的步数必须在 4 KB 步以内，梯形图块的 NOP 指令也包括在步数内，梯形图块和梯形图块间的 NOP 指令没有关系。

【任务拓展】

利用编程软件 GX Developer 完成图 1-4-33 的梯形图的输入、编辑、传送、调试及监控，并将该工程保存在计算机 D 盘（自行新建一个文件夹，工程名命名为梯形图 1-4-33）。

图 1-4-33 输入的梯形图

【知识测评】

1. 填空题

（1）GX-Developer 编程软件可用_____、_____和_____来写入和编辑程序，并能进行各种编程方式的转换。

（2）项目标题栏（状态栏）主要显示有_____、文件路径、编辑模式、程序步数以及_____类型和当前操作状态等。

（3）在调试并下载程序之前，需要对程序进行_____。

（4））GX-Developer 编程软件的操作界面主要由项目标题栏（状态栏）、下拉菜单（主菜单栏）、_____栏、_____、管理窗口等部分组成。

（5）点击快捷键_____可以在梯形图程序与相应的语句表之前进行切换。

（6）在监控运行中，导通的元件都会变成_____。

（7）当光标为实心框时为读出模式，只能进行_____等操作。

（8）"变换"的快捷键为_____。

项目二　PLC 基本逻辑指令及其应用

【项目描述】

基本逻辑指令是 PLC 最基本的编程语言，掌握了基本逻辑指令也就初步掌握了 PLC 的使用。

下面通过五个任务的分析讲解与实施，介绍常见指令的名称、符号、功能及应用，了解掌握常用基本电路的程序设计思路与方法。掌握 PLC 运行调试的过程及编程方法和技巧，提高基本逻辑指令编程的能力。

任务一：基本逻辑指令认识。

任务二：常用基本电路的程序设计。

任务三：三相异步电动机的正、反转 PLC 控制。

任务四：天塔之光的 PLC 控制（一）。

任务五：抢答器的 PLC 控制。

任务一　基本逻辑指令认识

【任务目标】

1. 能力目标

（1）能简单分析应用常用基本指令。

（2）能熟练完成梯形图与指令表之间的相互转换。

2. 知识目标

（1）掌握指令表编程的格式及规则。

（2）掌握常用基本指令的名称、符号及功能。

3. 素质目标

（1）具有较强的沟通和交流能力。

（2）具有较好的学习新知识、新技能及解决问题的能力。

【任务描述】

三菱 FX$_{2N}$ 系列 PLC 有基本逻辑指令 27 条。基本逻辑指令一般由助记符和操作元件组成。助记符是一条基本逻辑指令符号，表明操作功能；操作元件是被操作的对象。有些基本逻辑指令只有助记符，没有操作元件。本任务将重点学习基本逻辑指令，基本逻辑指令可以完成基本的逻辑控制、顺序控制等程序的编写，同时也是编写复杂程序的基础。

【知识点】

三菱 FX$_{2N}$ 系列 PLC 有基本逻辑指令 27 条。基本指令分为触点指令、连接指令、线圈输出指令和其他指令。下面通过基本指令使用说明和指令应用举例来认识基本逻辑指令。

一、逻辑取和线圈驱动指令 LD、LDI、OUT

（一）LD、LDI、OUT 指令使用说明

逻辑取指令和线圈驱动指令的名称、符号、功能、操作元件及使用说明如表 2-1-1 所示。

表 2-1-1　LD、LDI、OUT 指令

符号	指令名称	功能及用法	操作的软元件	使用说明
LD	逻辑取指令，简称取指令	将常开触点与母线相连接，逻辑运算开始	X、Y、M、T、C、S	（1）LD、LDI 指令与后面讲到的 ANB、ORB 指令组合，在分支起点处也可使用；
LDI	逻辑取反指令，简称取反指令	将常闭触点与母线相连接，逻辑运算开始	X、Y、M、T、C、S	（2）OUT 指令可以多次并行使用；
OUT	线圈输出指令，简称输出指令	线圈驱动，输出运算结果	Y、M、T、C、S	（3）定时器或计数器线圈在 OUT 指令后要设定常数 K，常数 K 后紧跟数字

（二）LD、LDI、OUT 指令应用举例

LD、LDI、OUT 指令应用举例如图 2-1-1 所示。

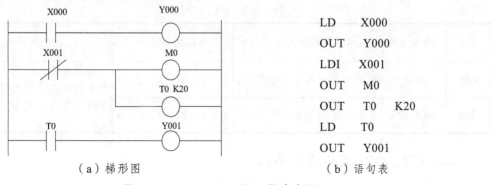

（a）梯形图　　　　　　（b）语句表

图 2-1-1　LD、LDI、OUT 指令应用

二、触点串联指令 AND、ANI

（一）AND、ANI 指令使用说明

触点串联指令的名称、符号、功能、操作元件及使用说明如表 2-1-2 所示。

表 2-1-2　AND、ANI 指令

符号	指令名称	功能及用法	操作的软元件	使用说明
AND	与指令	单个常开触点串联连接	X、Y、M、T、C、S	串联触点的个数没有限制，可以反复使用多次
ANI	与非指令	单个常闭触点串联连接	X、Y、M、T、C、S	

（二）AND、ANI 指令应用举例

触点串联指令 AND、ANI 应用举例如图 2-1-2 所示。

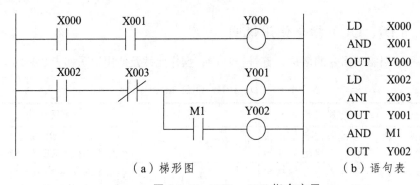

（a）梯形图　　　　　　（b）语句表

图 2-1-2　AND、ANI 指令应用

三、触点并联指令 OR、ORI

（一）OR、ORI 指令使用说明

触点并联指令的名称、符号、功能、操作元件及使用说明如表 2-1-3 所示。

表 2-1-3　OR、ORI 指令

符号	指令名称	功能及用法	操作的软元件	使用说明
OR	或指令	单个常开触点并联连接	X、Y、M、T、C、S	从该指令的当前步开始，对前面的电路并联连接，并联触点的个数没有限制，可以反复使用多次
ORI	或非指令	单个常闭触点并联连接	X、Y、M、T、C、S	

（二）OR、ORI 指令应用举例

触点并联指令 OR、ORI 应用举例如图 2-1-3 所示。

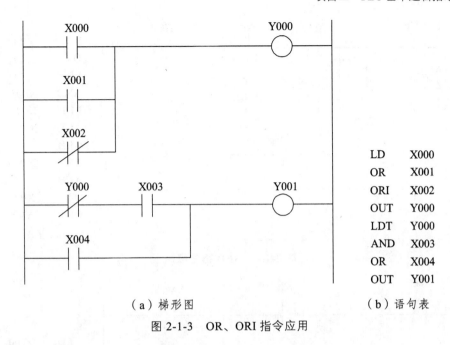

	LD X000
	OR X001
	ORI X002
	OUT Y000
	LDT Y000
	AND X003
	OR X004
	OUT Y001

（a）梯形图　　　　　　（b）语句表

图 2-1-3　OR、ORI 指令应用

四、电路块的串并联指令 ANB、ORB

（一）ANB、ORB 指令使用说明

两个或两个以上的触点并联的电路称为并联电路块。并联电路块串联时,分支开始用 LD、LDI 指令，分支结束用 ANB 指令，ANB 指令简称块与指令。两个或两个以上的触点串联的电路称为串联电路块。串联电路块并联时，分支开始用 LD、LDI 指令，分支结束用 ORB 指令，ORB 指令简称块或指令。ANB、ORB 指令均无操作数。电路块的串并联指令的名称、符号、功能、操作元件及使用说明如表 2-1-4 所示。

表 2-1-4　ANB、ORB 指令

符号	指令名称	功能及用法	操作的软元件	使用说明
ANB	块与指令	电路块与电路块串联	无	若对每个电路分别使用 ANB、ORB 指令，则串联或并联的电路块没有限制；可以成批使用 ANB、ORB 指令，但成批使用次数限制在 8 次以下
ORB	块或指令	电路块与电路块并联	无	

（二）ANB、ORB 指令应用举例

电路块的串并联指令 ANB、ORB 应用举例如图 2-1-4 和图 2-1-5 所示。

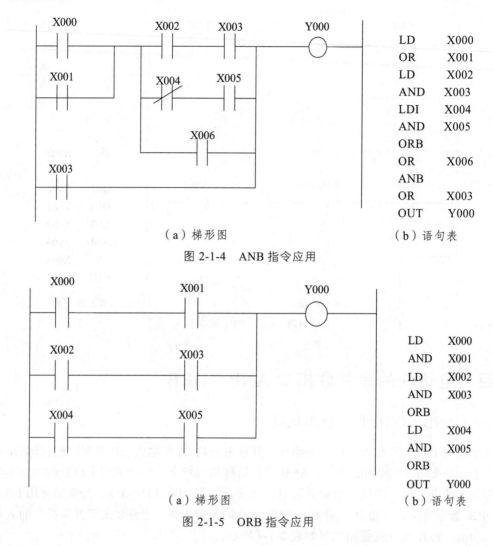

(a) 梯形图

LD	X000
OR	X001
LD	X002
AND	X003
LDI	X004
AND	X005
ORB	
OR	X006
ANB	
OR	X003
OUT	Y000

(b) 语句表

图 2-1-4 ANB 指令应用

(a) 梯形图

LD	X000
AND	X001
LD	X002
AND	X003
ORB	
LD	X004
AND	X005
ORB	
OUT	Y000

(b) 语句表

图 2-1-5 ORB 指令应用

五、置位与复位指令 SET、RST

(一) SET、RST 指令使用说明

置位与复位指令的名称、符号、功能、操作元件及使用说明如表 2-1-5 所示。

表 2-1-5 SET、RST 指令

符号	指令名称	功能及用法	操作的软元件	使用说明
SET	置位	驱动被操作的目标元件，使其线圈通电动作并保持	Y、M、S	对于同一软元件，SET、RST 可多次使用，顺序先后也可任意，但以最后执行的一行有效
RST	复位	解除被操作的目标元件动作保持，寄存器清零	Y、M、S、T、C、D	

（二）SET、RST指令应用举例

置位与复位指令SET、RST应用举例如图2-1-6所示。

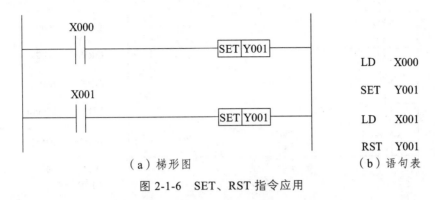

（a）梯形图　　　　（b）语句表

LD　X000
SET　Y001
LD　X001
RST　Y001

图2-1-6　SET、RST指令应用

六、取反、空操作与程序结束指令INV、NOP、END

（一）NV、NOP、END指令使用说明

取反、空操作与程序结束指令的名称、符号、功能、操作元件及使用说明如表2-1-6所示。

表2-1-6　INV、NOP、END指令

符号	指令名称	功能及用法	操作的软元件	使用说明
INV	取反	对该指令之前的运算结果取反	无	（1）在程序调试过程中，插入END指令，使得程序分段，提高调试速度；（2）INV指令把该指令所在位置的当前逻辑结果取反，取反后的结果仍可继续运算；（3）执行程序全清零操作时，全部指令都变成NOP
NOP	空操作	不执行操作	无	
END	程序结束	表示程序结束	无	

七、上升沿检测指令LDP、ANDP、ORP

（一）LDP、ANDP、ORP指令使用说明

上升沿检测指令的名称、符号、功能、操作元件及使用说明如表2-1-7所示。

表2-1-7　LDP、ANDP、ORP指令

符号	指令名称	功能及用法	操作的软元件	使用说明
LDP	取上升沿脉冲	上升沿脉冲逻辑运算开始	X、Y、M、S、T、C	LDP、ANDP、ORP在脉冲检测指令中，指定的软元件触点闭合（上升沿）时，被驱动的线圈得电一个扫描周期T
ANDP	与上升沿脉冲	上升沿脉冲串联连接	X、Y、M、S、T、C	
ORP	或上升沿脉冲	上升沿脉冲并联连接	X、Y、M、S、T、C	

（二）LDP、ANDP、ORP 指令应用举例

上升沿检测指令 LDP、ANDP、ORP 应用举例如图 2-1-7 所示。

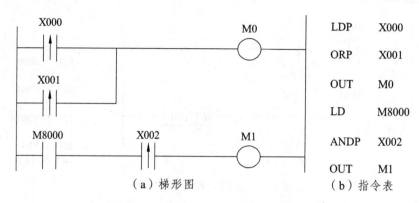

（a）梯形图　　　　（b）指令表

图 2-1-7　LDP、ANDP、ORP 指令应用

八、下降沿检测指令 LDF、ANDF、ORF

（一）LDF、ANDF、ORF 指令使用说明

下降沿检测指令的名称、符号、功能、操作元件及使用说明如表 2-1-8 所示。

表 2-1-8　LDF、ANDF、ORF 指令

符号	指令名称	功能及用法	操作的软元件	使用说明
LDF	取下降沿脉冲	下降沿脉冲逻辑运算开始	X、Y、M、S、T、C	LDF、ANDF、ORF 在脉冲检测指令中，指定的软元件触点断开（下降沿）时，被驱动的线圈得电一个扫描周期 T
ANDF	与下降沿脉冲	下降沿脉冲串联连接	X、Y、M、S、T、C	
ORF	或下降沿脉冲	下降沿脉冲并联连接	X、Y、M、S、T、C	

（二）LDF、ANDF、ORF 指令应用举例

下降沿检测指令 LDF、ANDF、ORF 应用举例如图 2-1-8 所示。

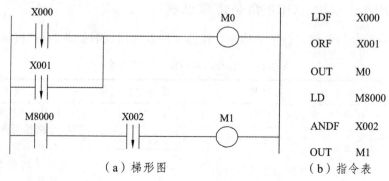

（a）梯形图　　　　（b）指令表

图 2-1-8　LDF、ANDF、ORF 指令应用

九、脉冲微分输出指令 PLS、PLF

（一）PLS、PLF 指令使用说明

脉冲微分输出指令的名称、符号、功能、操作元件及使用说明如表 2-1-9 所示。

表 2-1-9　PLS、PLF 指令

符号	指令名称	功能及用法	操作的软元件	使用说明
PLS	上升沿微分	上升沿微分输出	Y、M（特殊 M 除外）	PLS、PLF 指令主要用于脉冲上升沿或下降沿输出。当条件满足时，产生一个周期的脉冲信号输出
PLF	下降沿微分	下降沿微分输出	Y、M（特殊 M 除外）	

（二）PLS、PLF 指令应用举例

下降沿检测指令 PLS、PLF 应用举例如图 2-1-9 所示。

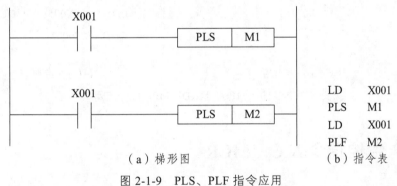

（a）梯形图	（b）指令表

LD　　X001
PLS　　M1
LD　　X001
PLF　　M2

图 2-1-9　PLS、PLF 指令应用

十、堆栈指令 MPS、MRD、MPP

（一）MPS、MRD、MPP 指令使用说明

堆栈指令的名称、符号、功能、操作元件及使用说明如表 2-1-10 所示。

表 2-1-10　MPS、MRD、MPP 指令

符号	指令名称	功能及用法	操作的软元件	使用说明
MPS	进栈	将运算结果送入栈存储器的第一层，同时将先前送入的数据依次下移到栈的下一层	无	（1）MPS、MPP 指令必须成对出现；
MRD	读栈	将栈存储器的第一层数据读出且保存，栈内的数据不移动	无	（2）MPS 指令可以反复使用，但必须少于 11 次；
MPP	出栈	将栈存储器的第一层数据读出，同时该数据消失，栈内数据依次上移	无	（3）遵循"先进后出"的原则

（二）MPS、MRD、MPP 指令应用举例

堆栈指令 MPS、MRD、MPP 应用举例如图 2-1-10 所示。

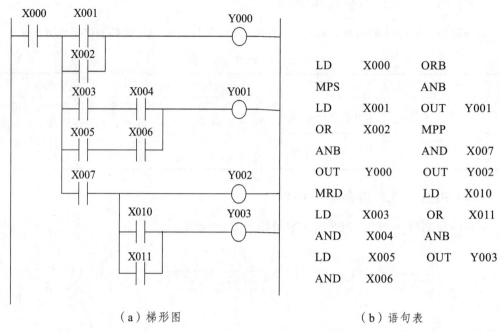

LD	X000	ORB	
MPS		ANB	
LD	X001	OUT	Y001
OR	X002	MPP	
ANB		AND	X007
OUT	Y000	OUT	Y002
MRD		LD	X010
LD	X003	OR	X011
AND	X004	ANB	
LD	X005	OUT	Y003
AND	X006		

（a）梯形图　　　　　　　　（b）语句表

图 2-1-10　MPS、MRD、MPP 指令应用

十一、主控指令 MC、MCR

（一）MC、MCR 指令使用说明

主控指令的名称、符号、功能、操作元件及使用说明如表 2-1-11 所示。

表 2-1-10　MC、MCR 指令

符号	指令名称	功能及用法	操作的软元件	使用说明
MC	主控	公共串联触点的连接	Y、M	（1）被主控指令驱动的 Y 或 M 元件的常开触点称为主控触点，主控触点在梯形图中与一般触点垂直。与主控触点相连的触点必须用 LD、LDI 指令；
MCR	主控复位	公共串联触点的复位	Y、M	（2）MC 指令的输入触点断开时，MC、MCR 之间的积算型定时器和计数器，以及 SET、RST 指令驱动的元件保持其之前的状态不变；非积算型定时器及用 OUT 指令驱动的元件将复位； （3）在一个 MC 指令区内，若再次使用 MC 指令称为嵌套，嵌套级数最多 8 级，编号从 N0 至 N7 的顺序增大，使用 MCR 指令返回时，则从编号大的嵌套级开始复位

（二）MC、MCR 指令应用举例

主控指令 MC、MCR 应用举例如图 2-1-11 所示。

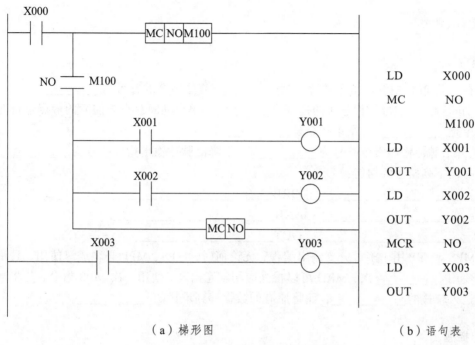

LD	X000
MC	NO
	M100
LD	X001
OUT	Y001
LD	X002
OUT	Y002
MCR	NO
LD	X003
OUT	Y003

（a）梯形图　　　　　　　　（b）语句表

图 2-1-11　MC、MCR 指令应用

【任务拓展】

画出与下列语句表对应的梯形图。

0	LD	X000
1	AND	X001
2	LD	X002
3	ANI	X003
4	ORB	
5	LD	X004
6	AND	X005
7	LD	X006
8	AND	X007
9	ORB	
10	ANB	
11	LD	M0
12	AND	M1
13	ORB	
14	AND	X002

15　OUT　　Y000

16　END

【知识测评】

1. 填空题

（1）在三菱 PLC 中置位指令的符号为_____，复位指令的符号为_____。

（2）动断触点与左母线相连接的指令是_____，单个动断触点与前面的触点进行并联连接的指令是_____，结束指令是_____。

（3）上升沿脉冲输出指令符号为_____，下降沿脉冲输出指令符号为_____。

（4）写出下列指令的功能：

ANI_____；ORB_____；

MC_____；ANB_____；

MCR_____；OUT_____；

（5）MPS、MPP 用于多重分支输出编程，无论何时，MPS、MPP 必须成对使用，且最多可以连续使用_____次，MRD 可以根据应用随意出现，使用一次 MPS 指令，是将当前运算结果送入堆栈的_____，而将原有的数据移到堆栈的_____。

2. 选择题

（1）FX$_{2N}$ 系列可编程序控制器中的 ORI 指令用于（　　）。

A. 常闭触点的串联　　　　　　B. 常开触点的串联

C. 常闭触点的并联　　　　　　D. 常开触点的并联

（2）ANB、ORB 指令成批使用，最多可以使用的次数为（　　）

A. 1 次　　　　　　　　　　　B. 8 次

C. 10　　　　　　　　　　　　D. 无限次

（3）将栈中由 MPS 指令存储的值读出并清除栈中内容的指令是（　　）。

A. SP　　　　　　　　　　　　B. MPS

C. MPP　　　　　　　　　　　D. MRD

（4）在 PLC 中，程序用软触点在逻辑行中可以使用（　　）次。

A. 1 次　　　　　　　　　　　B. 10 次

C. 100 次　　　　　　　　　　D. 无限次

（5）RST 指令不能用于（　　）的复位。

A. 输入继电器　　　　　　　　B. 计数器

C. 辅助继电器　　　　　　　　D. 定时器

（6）在一个 MC 指令区内若再次使用 MC 指令称为嵌套，嵌套级数最多为（　　）级。

A. 7　　　　　　　　　　　　　B. 8

C. 10　　　　　　　　　　　　　D. 11

3. 写出图 2-1-12、图 2-1-13 所示梯形图对应的指令表程序。

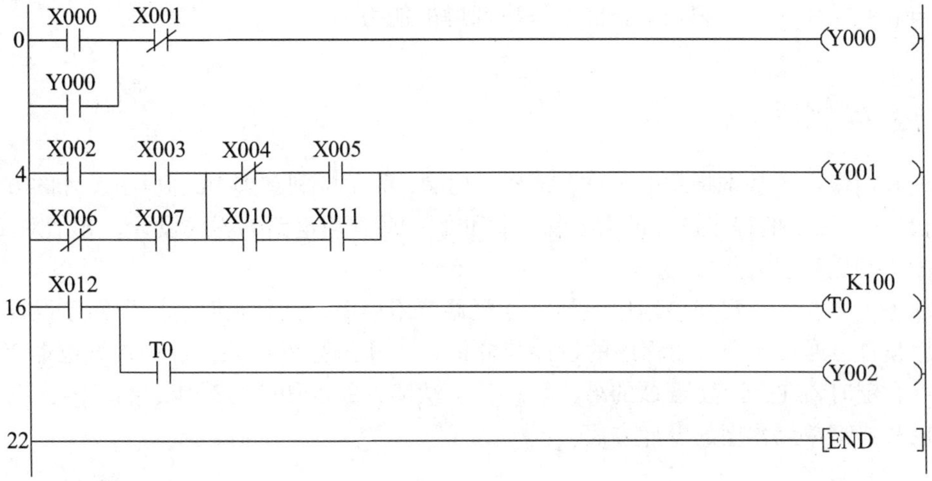

图 2-1-12

图 2-1-13

任务二 常用基本电路的程序设计

【任务目标】

1. 能力目标

（1）能够熟练应用 PLC 软元件设计常用电路的控制程序。

（2）能够熟练分析识读及应用常用电路控制程序。

2. 知识目标

（1）掌握 PLC 常用软元件的名称、符号及功能。

（2）掌握 PLC 程序设计的技巧和原则。

（3）熟练掌握典型单元梯形图。

3. 素质目标

具有较好的学习新知识、新技能及解决问题的能力。

【任务描述】

前面我们学习了基本指令的名称、符号、功能，为了顺利掌握 PLC 程序设计的方法和技巧，尽快提升 PLC 的程序设计能力，在此将介绍一些常用电路的程序设计，相信对 PLC 程序设计能力的提高会大有益处。

本任务主要包含：启保停程序设计、计数器应用程序设计、定时器应用程序设计和闪烁电路程序设计。通过 4 个常用程序的设计与分析，复习三菱 PLC 软元件输入继电器 X、输出继电器 Y、定时器 T、计数器 C 的名称、符号、功能，并以任务为载体，熟练掌握基本软元件的使用和典型单元程序的设计方法。

【知识点】

一、启保停程序

启保停程序即启动、保持、停止的控制程序，是梯形图中最典型的程序，它包含了如下几个因素。

（1）驱动线圈。每一个梯形图逻辑行都必须针对驱动线圈，本例为输出线圈 Y0。

（2）线圈得电的条件。梯形图逻辑行中除了线圈外，还有触点的组合，即线圈得电的条件，也就是使线圈为 ON 的条件，本例为启动按钮 X0 为 ON 闭合。

（3）线圈保持驱动的条件。即触点组合中使线圈得以保持有电的条件，本例为与 X0 并联在 YO 的自锁触点闭合。

（4）线圈断电的条件。即触点组合中使线圈由 ON 变为 OFF 的条件，本例为 X1 动断触点断开。

因此，根据控制要求，其梯形图为启动按钮 X0 和停止按钮 X1 串联，并在启动按钮 X0 两端并联自保触点 Y0，然后串接驱动线圈 Y0。当要启动时，按启动按钮 X0，使线圈 Y0 有输出并通过 Y0 自锁触点自锁；当要停止时，按停止按钮 X1，使输出线圈 Y0 断电。如图 2-2-1（a）所示。

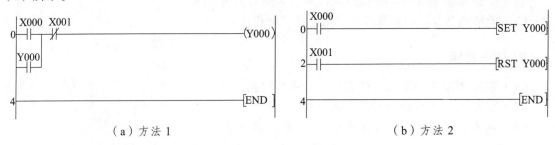

（a）方法 1　　　　　　　　　　　　　　（b）方法 2

图 2-2-1　启保停程序

启保停程序也可以用置位（SET）和复位（RST）指令来实现。若用 SET、RST 指令编程，启保停程序包含了梯形图程序的两个要素：一个是使线圈置位并保持的条件，本例为启动按钮 XO 为 ON；另一个是使线圈复位并保持的条件，本例为停止按钮 X1 为 ON。因此，其梯形图为启动按钮 XO、停止按钮 X1 分别驱动 SET、RST 指令。当要启动时，按启动按钮 X0 使输出线圈置位并保持；当要停止时，按停止按钮 X1 使线圈复位并保持，如图 2-2-1（b）所示。

二、计数器应用程序

计数器用于对内部信号和外部高速脉冲进行计数，使用时需要进行复位。其应用如图 2-2-2 所示。X0 首先使计数器 C0 复位，C0 对 X1 输入的脉冲进行计数，当输入的脉冲达到 6 个时，计数器 C0 的动合触点闭合，Y0 得电；当 X0 再次动作时，C0 复位，Y0 失电。

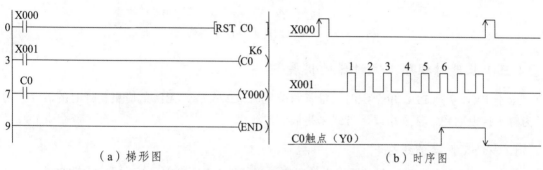

（a）梯形图　　　　　　　　　　　　（b）时序图

图 2-2-2　计数器 C 的应用程序及时序图

三、定时器应用程序

（一）延时接通程序

按下启动按钮 X0，延时 2 s 后输出 Y0 接通；按下停止按钮 X1，输出 Y0 断开。其梯形图与时序图如图 2-2-3 所示。

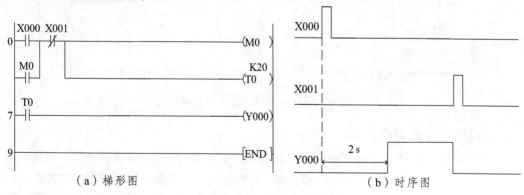

（a）梯形图　　　　　　　　　　　　（b）时序图

图 2-2-3　得电延时闭合程序及时序图

（二）延时断开程序

按下启动按钮 X0，输出 Y0 接通；按下停止按钮 X1，延时 2 s 后输出 Y0 断开。其梯形图与时序图如图 2-2-4 所示。

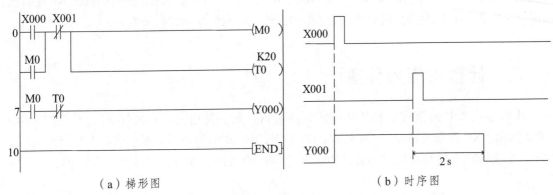

（a）梯形图　　　　　　　　（b）时序图

图 2-2-4　断电延时断开程序及时序图

（三）长延时程序（定时器的扩展）

由于 FX$_{2N}$ 系列 PLC 单个定时器最长只能定时 3 276.7 s，无法适应更长计时的需要，为了为解决这上问题，常采用以下方式来扩展定时长度。

1. 多个定时器的组合

如图 2-2-5 所示为两个定时器组合的程序。当触点 X0 闭合时，定时器线圈 T0 得电，开始计时；3 000 s 时间到，触点 T0 闭合，定时器线圈 T1 得电，开始计时；2 000 s 时间到，触点 T1 闭合，输出继电器线圈 Y0 得电，被驱动。从 X0 闭合到 Y0 得电，总计经历和 5 000 s 的时间，单个定时器的时间被扩展。若要延时更长的时间，可使用多个定时器。当触点 X0 断开时，所有定时器被依次复位，输出继电器失电。

图 2-2-5　长延时程序（多个定时器组合）

2. 利用计数器的定时器

图 2-2-6 所示为利用计数器的定时器计时的程序。当输入点 X0 未接通时，常闭触点 X0 闭合，计数器 C0 被复位，清零。当输入点 X0 接通时，常开触点 X0 闭合，计数器 C0 开始计数，用辅助继电器 M8014 的触点作为计数脉冲。因为 M8014 为脉冲信号特殊继电器，所以计数器 C0 每 1 min 计 1 个数，当计数值达到 200（即 200 min）时，常开触点 C0 闭合，输

出继电器线圈 Y0 得电，从输入端 X0 接通到 Y0 有输出信号共经历了 200 min，对于某些定时精度要求不高的场合，这是一种十分有效的长延时定时器。

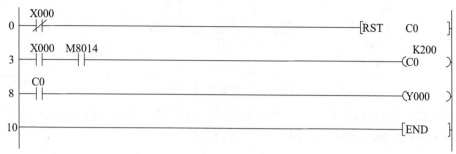

图 2-2-6　长延时程序（计数器计时）

3. 定时器和计数器的组合

如果定时时间要求长，精度要求高时，用多个定时器比较麻烦，则需用定时器与计数器的组合来实现。图 2-2-7 所示为定时器与计数器组合的延时程序。

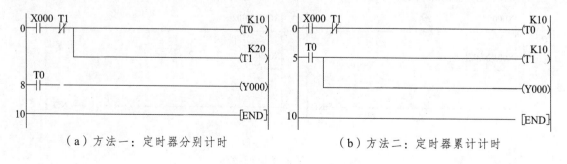

图 2-2-7　长延时程序（定时器与计数器组合）

四、闪烁电路程序（振荡程序）

在 PLC 程序设计中，闪烁控制是广泛应用的一种实用控制程序，它既可以控制灯光的闪烁频率，又可以控制灯光的通断时间。同样的程序也可以控制其他负载，如电铃、蜂鸣器等。常用的方法是用两个定时器来实现。如图 2-2-8 所示。

（a）方法一：定时器分别计时　　　　　　（b）方法二：定时器累计计时

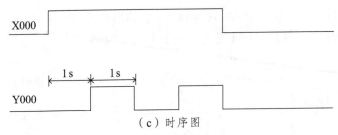

（c）时序图

图 2-2-8　闪烁电路程序及时序图

若要实现的闪光周期为 1 s，占空比为 0.5，可省去两个定时器，用 PLC 内部的特殊辅助继电器 M8013 来控制输出继电器 Y0，实现闪烁控制。

五、PLC 编程的基本原则和技巧

设计梯形图时，一方面要掌握梯形图程序设计的基本原则；另一方面，为了减少指令的条数，节省内存和提高运行速度，还应掌握设计的技巧。

（一）编程的基本原则

（1）进行梯形图设计时，外部输入/输出继电器、内部继电器、定时器、计数器等元件触点可多次重复使用。

（2）梯形图每一行都是从左母线开始的，而且输出线圈接在最右边，其输入触点不能放在输出线圈的右边。

（3）输出线圈不能直接与左母线连接，可以通过程序中不使用的内部继电器的常闭触点或特殊辅助继电器 M8002 与左母线连接。

（4）在同一程序中，同一编号的输出线圈被使用两次，称为重复输出，一般应避免这种使用方式。因为如果这样使用，则后面的输出线圈状态被输出，而前面的输出线圈均无效。

（5）在运行梯形图程序时，其执行顺序是从左到右、从上到下，编程时也要遵循这个顺序。

（6）在梯形图中串联或并联的触点个数没有限制，可以有无数个。

（7）多个输出线圈可以并联输出，但不可以串联输出。

（二）编程的技巧

（1）应把串联触点较多的电路编制在梯形图的上方，如图 2-2-9 所示。

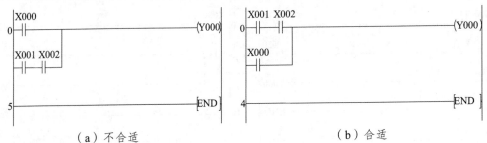

（a）不合适　　　　　　　　　　　　（b）合适

图 2-2-9　梯形图编程技巧一

（2）应把并联触点较多的电路放在梯形图的最左边，如图书 2-2-10 所示。

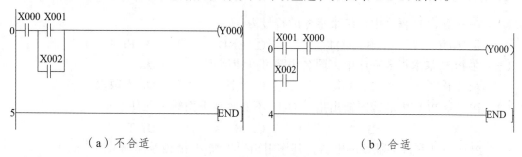

（a）不合适　　　　　　　　　　　　　（b）合适

图 2-2-10　梯形图编程技巧二

根据上述两点，梯形图编程可遵守如下规则：左沉右轻，上沉下轻。

（3）对于并联输出电路，无触点的分支放在上方较好，如图 2-2-11 所示。

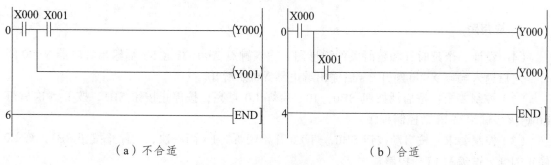

（a）不合适　　　　　　　　　　　　　（b）合适

图 2-2-11　梯形图编程技巧三

【知识测评】

1. 填空题

（1）三菱 FX 系列 PLC 定时器的延时时间最长为＿＿＿＿＿＿＿＿，可以通过＿＿＿＿＿＿＿＿、＿＿＿＿＿＿＿＿和＿＿＿＿＿＿＿＿＿方法来延长定时范围。

（2）特殊辅助继电器 M8013 的功能是＿＿＿＿＿＿＿＿＿＿＿＿＿＿＿＿＿＿＿＿＿＿。

（3）对于并联电路，串联触点多的支路放在＿＿＿＿＿＿＿；对于串联电路，并联触点多的支路放在＿＿＿＿＿＿＿。

（4）FX 系列 PLC 计数器在使用完之后必须通过＿＿＿＿＿＿＿＿ 指令清零复位。

（5）FX$_{2N}$ 系列 PLC 的编程语言有三种，其中＿＿＿＿＿＿＿由触点符号、继电器线圈符号等组成，在这些符号上有操作数。

（6）计数器在计数过程中，当前值等于设定值时，其常开触点＿＿＿＿＿＿＿，常闭触点＿＿＿＿＿＿＿。复位输入到来时，计数器复位，复位后其常开触点＿＿＿＿＿＿＿，常闭触点＿＿＿＿＿＿＿，当前值为＿＿＿＿＿＿＿。

（7）OUT 指令不能用于＿＿＿＿＿＿＿继电器。

（8）通用定时器＿＿＿＿＿＿＿时被复位，复位后其常开触点＿＿＿＿＿＿＿，常闭触点＿＿＿＿＿＿＿，当前值为＿＿＿＿＿＿＿。

2. 选择题

（1）在三菱 PLC 程序中，结束指令的符号为（　　　）。

  A. NOP   B. NOT   C. END   D. ENP

（2）在 PLC 基本指令程序中，同名线圈可以使用（　　　）次。

  A. 2 次   B. 3 次   C. 1 次   D. 无限次

（3）在三菱 PLC 中的线圈输出指令 OUT 不能驱动下面哪个元件？（　　　）

  A. X   B. Y   C. M   D. T

（4）PLC 内部有许多辅助继电器，其作用相当于继电-接触器控制系统中的（　　　）。

  A. 接触器 B. 中间继电器 C. 时间继电器 D. 热继电器

（5）PLC 输入器件提供信号不包括下列（　　　）信号。

  A. 模拟信号 B. 数字信号 C. 开关信号 D. 离散信号

3. 应用题

（1）设计一个延时开和延时关的梯形图。输入触点 X001 接通 3 s 后输出继电器 Y000 闭合，之后输入触点 X000 断开 2 s 后输出继电器 Y000 断开。

（2）控制要求：按启动按钮 SB0，10 s 后灯 L0 点亮；按停止按钮 SB1，按下 5 次后灯 L0 熄灭。试编写 PLC 控制程序。

（3）控制要求：按启动按钮 SB0，灯 L0 开始闪烁，1 s 闪一次；按停止按钮 SB1，灯 L0 停止闪烁。试编写 PLC 控制程序。

（4）控制要求：按下启动按钮 SB0，灯 L0 和 L1 交替闪烁，闪烁频率可任意设定；按下停止按钮 SB1，两灯均停止工作。试编写 PLC 控制程序。

任务三　三相异步电动机的正、反转 PLC 控制

【任务目标】

1. 能力目标

（1）能够熟练设计并分析三相异步电动机正、反转电气控制线路。

（2）能够熟练使用和操作 PLC 实训设备及编程软件。

（3）能够熟练运用软元件编制设计程序。

（4）能够熟练完成三相异步电动机正、反转控制 PLC 外部 I/O 接线及程序的调试。

2. 知识目标

（1）了解三相异步电动机的基本控制电路。

（2）掌握 PLC 常用软元件的名称、符号、功能、分类等。

（3）掌握 PLC 程序设计的方法。

3. 素质目标

（1）具有较强的计划组织能力和团队协作能力。

（2）具有较强的与人沟通和交流能力。

（3）具有较好的学习新知识、新技能及解决问题的能力。

【工作任务】

一、控制要求

（1）按下正转启动按钮 SB1，电动机正转。

（2）按下反转启动按钮 SB2，电动机反转。

（3）按下停止按钮 SB3，电动机停止。

（4）电路具有短路和过载保护。

二、任务分析

　　三相异步电动机的正、反转控制中，其继电-接触器控制电路如图 2-3-1 所示。主电路 KM1 吸合时，电动机正转；KM2 吸合时，电动机反转。由于电动机的电气特性要求，电动机在正转运行过程中不能直接反转运行，操作时，应先按下停止按钮待电动机正转停止后，再启动反转运行。在控制电路中，两个接触器 KM1、KM2 不能同时得电，否则会造成短路故障，这就要求 KM1 和 KM2 必须互锁。图 2-3-1（b）为交流接触器互锁的控制电路，图 2-3-1（c）为交流接触器、按钮双重联锁控制电路。

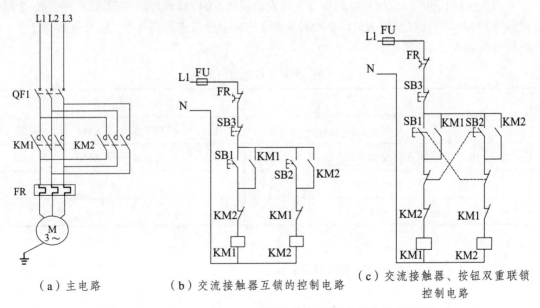

（a）主电路　　　　　（b）交流接触器互锁的控制电路　　　（c）交流接触器、按钮双重联锁控制电路

图 2-3-1　三相异步电动机正、反转继电-接触器控制电气原理图

【任务实施】

一、任务材料表

通过查找电器元件选型表，确定该任务选择的元器件如表 2-3-1 所示。

表 2-3-1　设备材料表

序号	名称	型号、规格	数量	单位	备注
1	三相异步电动机	Y-112 M-4 380 V、 5.5 kW/1 378 r/min/50 Hz	台	1	
2	可编程序控制器	FX$_{2N}$-48 MR	台	1	
3	低压断路器	DZ47-D40/3P	个	1	
4	低压断路器	DZ47-100/1P	个	1	
5	熔断器	RT18-32/6A	个	2	
6	交流接触器	CJX2-323	个	2	
7	按钮	LA39-11	个	3	
8	热继电器	JRS1（LR1）-D40353/0.5 A	个	1	

二、确定 I/O 总点数及地址分配

根据控制任务要求，控制电路中有正转启动按钮 SB1、反转启动按钮 SB2、停止按钮 SB3、过载保护 FR、交流接触器 KM1 和 KM2，故该任务中输入点数为 4 个，输出点数为 2 个。I/O 地址分配如表 2-3-2 所示。

表 2-3-2　I/O 地址分配表

	输入信号			输出信号	
1	正转启动按钮 SB1	X0	1	交流接触器 KM1	Y0
2	反转启动按钮 SB2	X1	2	交流接触器 KM2	Y1
3	停止按钮 SB3	X2			
4	热继电器 FR	X3			

三、I/O 接线控制原理图

根据 I/O 地址分配，电机正反转接线原理如图 2-3-2 所示。

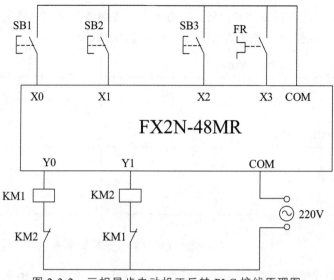

图 2-3-2　三相异步电动机正反转 PLC 接线原理图

四、程序设计

（1）设计电动机正转连续运行控制程序。

按下启动按钮 SB1，电动机正转，按下停止按钮 SB3，电动机停止转动。程序具有过载保护。如图 2-3-3 所示。

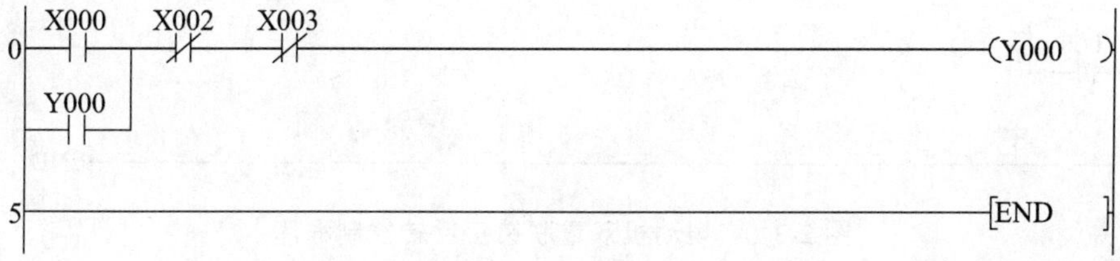

图 2-3-3　电动机正转连续运行控制程序

（2）在电动机正转连续运行控制程序的基础上，设计反转连续运行控制程序。如图 2-3-4所示。

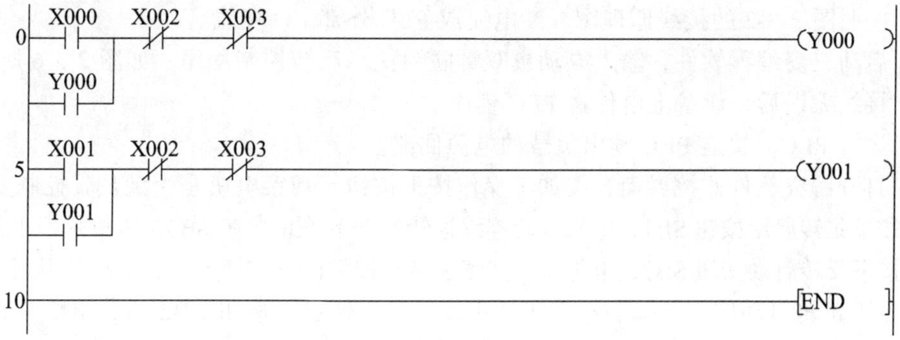

图 2-3-4　电动机正反转连续运行控制程序

（3）由于电机不能同时正转和反转，故两个交流接触器不能同时得电，需要在上一程序的基础上增加线圈互锁控制功能的动断触点。如图 2-3-5 所示。

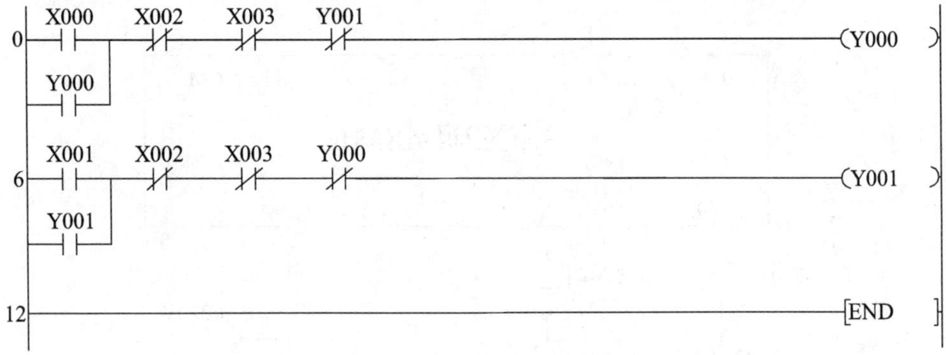

图 2-3-5　电动机正反转线圈互锁控制程序

（4）由于线圈互锁时，在按下正转启动按钮电机处于正转时，必须先按下停止按钮才能重新启动反转，故在上一程序的基础上增加具有按钮互锁控制功能的动断触点，即可实现由正转直接切换成反转运行；反之亦然。如图 2-3-6 所示。

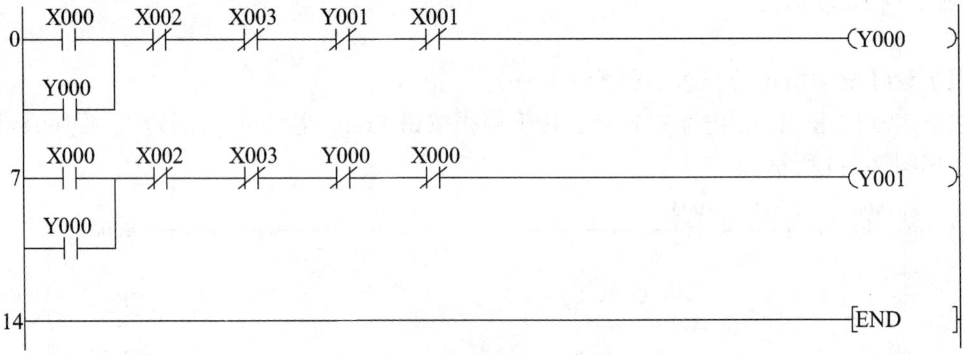

图 2-3-6　电动机双重联锁正反转控制程序

五、运行调试

（1）按照图 2-3-2 的接线原理图，断电完成 PLC 外部 I/O 接线。

（2）启动三菱编程软件，输入电动机双重联锁正、反转控制程序，如图 2-3-6 所示。

（3）接线无误后，设备上电传送 PLC 程序。

（4）运行 PLC，接通 PLC 输出负载的电源回路。

（5）打开编程软件监控界面，按如下操作按下按钮，观察电机是否满足其控制要求：

① 按下正转启动按钮 SB1，电机是否连续运转？按下停止按钮 SB3，电机是否正常停止？

② 按下反转启动按钮 SB2，电机是否连续运转？按下停止按钮 SB3，电机是否正常停止？

③ 按下正转启动按钮 SB1，电机正转中，按下反转启动按钮 SB2 后，电机是否直接切换为反转？按下反转启动按钮 SB2，电机反转中，按下正转启动按钮 SB1 后，电机是否直接切换为正转？

【任务评价】

检测项目	评分标准	分值	学生自评	小组评分	教师评分
电路连接	正确进行电路连接、工艺合理	20			
软件启动	正确启动编程软件	10			
程序输入	能熟练进行梯形图程序的输入	10			
程序编辑	会编辑修改梯形图程序；能进行程序转换、存盘、写入等操作	10			
启动运行	会启动运行操作	10			
运行调试	会调试程序，分析程序存在问题并熟练修改程序	20			
团队协作	小组协调、合作	10			
职业素养	安全规范操作、着装、工位清洁等	10			
总分		100			

【知识点】

一、交流接触器工作原理

当电磁线圈通电后，线圈电流产生磁场使静铁心产生电磁力吸引衔铁，并带动触头动作，使常闭触头断开、常开触头闭合（两者是联动的）。当电磁线圈断电时，电磁力消失，衔铁在释放弹簧的作用下释放，使触头复原，即常开触头断开、常闭触头闭合。

二、自　锁

自锁电路是无机械锁定开关电路编程中常用的电路形式，是指输入继电器触点闭合，输出继电器线圈得电，控制输出继电器触点锁定输入继电器触点；当输入继电器触点断开后，输出继电器触点仍能维持输出继电器线圈得电。

三、互　锁

互锁电路是控制两个继电器不能同时动作的一种电路形式，即梯形图中两个继电器的触点分别串联在对方的控制电路中。

四、程序设计的方法

PLC 程序设计有许多方法，常用的有经验法、转换法、逻辑法及步进顺控法等。

（一）经验法

经验法也叫试凑法，这种方法没有普遍的规律可以遵循，具有很大的试探性和随意性，最后的结果也不是唯一的，设计所用的时间、设计的质量与设计者的经验有很大的关系，一般用于比较简单的程序设计。用经验法设计时，可以参考一些基本电路的梯形图或以往的编程经验。

（二）转换法

转换法就是将继电器电路图转换成与原有功能相同的 PLC 内部的梯形图。这种等效转换是一种简单便捷的编程方法。其一，原继电器控制系统经过长期使用和考验，已经被证明能完成系统要求的控制功能；其二，继电器电路图与 PLC 的梯形图在表示方法和分析方法上有很多的相似之处，因此根据继电器电路图来设计梯形图简单便捷；其三，这种方法一般不需要改动控制面板，保持了原有系统的外部特征，操作人员不用改变长期形成的操作习惯。

（三）逻辑法

逻辑法就是应用逻辑代数以逻辑组合的方法和形式设计程序。逻辑法的理论基础是逻辑函数，逻辑函数就是逻辑运算与、或、非的组合。因此，从本质上来说，PLC 梯形图程序就是与、或、非的组合，也可以用逻辑函数表达式来表示。

（四）步进顺控法

对于复杂的控制系统，特别是复杂的顺序控制系统，一般采用步进顺控的编程方法。步进顺控设计法是一种先进的设计方法，很容易被初学者接受，对于有经验的工程师，也会提高设计的效率，并且能使程序的调试、修改和阅读更为方便。有关步进顺控的编程方法将在项目三中进行介绍。

【任务拓展】

电动机正、反转自动循环控制线路设计：

1. 功能要求

（1）按下启动按钮，电动机正转 3 s，停 2 s，反转 3 s，停 2 s，如此循环 5 个周期，然后自动停止。

（2）运行中，可按停止按钮，电机停止工作。

（3）电路具有短路和过载保护。

2. 技术要求

工作方式要求：电动机正反转自动循环。

3. 工作任务

（1）按要求列出输入/输出地址分配表。

（2）按要求画出输入/输出接线原理图。

（3）按要求编写 PLC 控制程序。

【知识测评】

1. 填空题

（1）在三菱 PLC 中，输入继电器符号用_____ 表示，输出继电器用_____表示。

（2）松开启动按钮之后，接触器通过其辅助常开触点让其线圈一直保持得电的作用叫作_____。

（3）当一个接触器得电通过其辅助触点让另一个接触器不能得电的作用叫作_____。

（4）在三菱 PLC 中，触点串联指令的符号为_____，触点并联指令的符号为_____。

（5）在三菱 PLC 中，输入继电器和输出继电器的地址采用_____进制。

2. 选择题

（1）在正、反转控制程序中，为了防止正转和反转同时得电，造成电器故障，应在程序中增加（　　　）。

　　A. 自锁　　　　　　　　　　B. 按钮互锁

　　C. 线圈互锁　　　　　　　　D. 双重互锁

（2）T2 的时间设定值为 K123，则其实际设定时间为（　　　）。

　　A. 12.3 s　　　　　　　　　B. 1.23 s

　　C. 123 s　　　　　　　　　 D. 0.123 s

（3）以下指令中（　　　）是上升沿输出指令。

　　A. PLS　　　　　　　　　　B. PLF

　　C. CJP　　　　　　　　　　D. EJP

（4）以下指令中（　　　）是下降沿输出指令。

　　A. PLS　　　　　　　　　　B. PLF

　　C. CJP　　　　　　　　　　D. EJP

（5）（　　　）不属于 PLC 的输出方式。

　　A. 继电器输出　　　　　　　B. 普通晶闸管

　　C. 双向晶闸管　　　　　　　D. 晶体管

3. 利用置位指令 SET 和复位指令 RST 实现三相异步电动机正、反转 PLC 程序设计。

　　控制要求：

（1）按下正转启动按钮 SB1，电动机正转；

（2）按下反转启动按钮 SB2，电动机反转；

（3）按下停止按钮 SB3，电动机停止转动。

（4）电路具有短路和过载保护。

试编写 PLC 控制程序。

4. 自动门控制：某银行自动门，在门内侧和外侧各装有一个超声波探测器，探测器探测到有人后，自动门打开；探测到无人后，自动门关闭。试编写 PLC 控制程序。

提示：该任务中自动门的开、关可用电动机的正、反转来实现，因此有两个输出信号。输入信号除两个探测器外，还应有两个限位开关（开、关），因此，共有 4 个输入信号。

I/O 地址分配如下：

	输入信号		输出信号
1	内探测器：X000	1	开门：Y000
2	外探测器：X001	2	关门：Y001
3	开限位：X002		
4	关限位：X003		

任务四　天塔之光的 PLC 控制（一）

【任务目标】

1. 能力目标

（1）能够根据控制要求利用基本指令完成天塔之光的 PLC 程序设计。

（2）能够熟练完成 PLC 应用设计的操作流程。

（3）能够熟练完成天塔之光的 PLC 外部 I/O 接线及程序的调试。

2. 知识目标

（1）巩固定时器 T 的应用。

（2）掌握 PLC 与不同外部设备的连接方式。

3. 素质目标

（1）培养学生爱岗敬业、团结合作的精神。

（2）养成安全、文明生产的良好习惯。

【工作任务】

一、控制要求

夜晚的城市到处可见霓虹彩灯，它们把城市装扮得如此绚烂，在此将介绍应用基本指令实现对彩灯的控制。

甲任务：8 盏彩灯（L1～L8）构成天塔之光，如图 2-4-1 所示，控制要求如下：

（1）合上开关 SA，灯 L1 先亮。

（2）2 s 后灯 L1 熄灭，灯 L2、L3、L4 亮。

（3）2 s 后灯 L2、L3、L4 熄灭，灯 L5、L6、L7、L8 亮；

（4）2 s 灯 L5、L6、L7、L8 熄灭，灯 L1 亮，依次循环。

（5）断开开关 SA，所有灯均熄灭。

乙任务：有 8 盏彩灯（L1～L8）构成天塔之光，如图 2-4-1，控制要求如下：

（1）接通开关 SA，灯 L1 亮。

（2）同时，灯 L2、L3、L4 每隔 2 s 依次点亮其中一盏，循环进行。

（3）同时，灯 L8、L7、L6、L5 每隔 2 s 依次点亮其中一盏，循环进行。

（4）断开开关 SA，所有灯均熄灭。

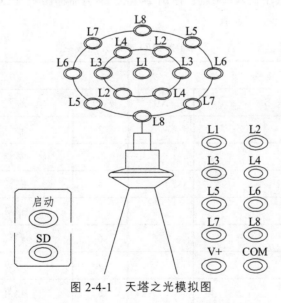

图 2-4-1　天塔之光模拟图

二、任务分析

彩灯的设计方法很多，本次任务我们应用基本指令中的定时器实现对天塔之光的控制。

【任务实施】

一、任务材料表

通过查找电器元件选型表，确定该任务选择的元器件如表 2-4-1 所示。

表 2-4-1　设备材料表

序号	名称	型号、规格	数量	单位	备注
1	可编程控制器	FX$_{2N}$-48 MR	1	台	
2	开关	LA39-11	1	个	
3	彩灯	AD16-22C/R	8	个	

二、确定 I/O 总点数及地址分配

两组任务中的控制电路都包含开关 SA 和彩灯 L1 ~ L8。本项目控制中输入点数应选 $1 \times 1.2 \approx 2$ 点；输出点数应选 $8 \times 1.2 \approx 10$ 点（继电器输出）。通过查找三菱 FX$_{2N}$ 系列选型表，选定三菱 FX$_{2N}$-48 MR（其中输入 24 点，输出 24 点，继电器输出）。PLC 的 I/O 分配地址如表 2-4-2 所示。

表 2-4-2　I/O 地址分配表

	输入信号			输出信号	
1	开关 SA	X0	1	彩灯 L1	Y0
			2	彩灯 L2	Y1
			3	彩灯 L3	Y2
			4	彩灯 L4	Y3
			5	彩灯 L5	Y4
			6	彩灯 L6	Y5
			7	彩灯 L7	Y6
			8	彩灯 L8	Y7

三、I/O 接线控制原理图

根据 I/O 地址分配，天塔之光 PLC 接线原理如图 2-4-2 所示。

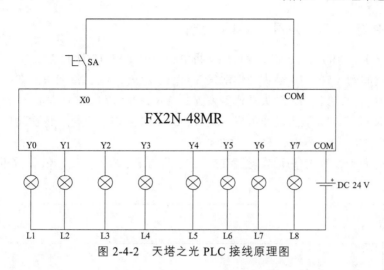

图 2-4-2 天塔之光 PLC 接线原理图

四、程序设计

（一）甲任务程序（见图 2-4-3）说明

（1）打开开关 SA，X0 闭合，Y0 得电，同时 T0 计时 2 s。

（2）计时时间到，T0 触头动作触发 Y0 熄灭，Y1、Y2、Y3 得电，T1 计时 2 s。

（3）计时时间到，T1 触头动作触发 Y1、Y2、Y3 失电，T2 计时 2 s，同时 Y4、Y5、Y6、Y7 得电；计时时间到，T2 触头动作触发 T0～T2（即 Y0～Y7）复位，依次循环。

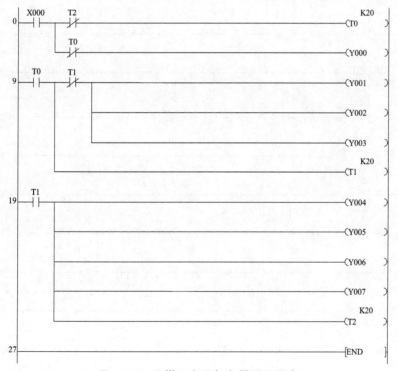

图 2-4-3 天塔之光甲任务梯形图程序

（二）乙任务程序（如图 2-4-4）说明

（1）打开开关，X0 闭合，Y0、Y1、Y7 得电，同时 T0、T3 计时 2 s。

（2）计时时间到，T0、T3 触头动作触发 Y1、Y7 熄灭，Y2、Y6 得电，T1、T4 计时 2 s。

（3）计时时间到，T1、T4 触头动作触发 Y2、Y6 失电，Y3、Y5 得电，T2、T5 计时 2 s。

（4）计时时间到，T2 触头动作触发 T0～T2（即 Y1～Y3）复位，依次循环；同时 T5 触头动作触发 Y5 失电，Y4 得电，T6 计时 2 s。

（5）计时时间到，T6 触头动作触发 T3～T6（即 Y4～Y7）复位，依次循环。

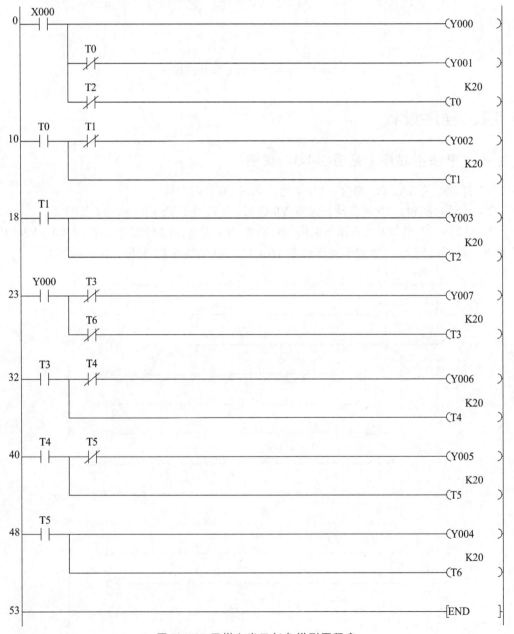

图 2-4-4　天塔之光乙任务梯形图程序

五、运行调试

（1）按照图 2-4-2 所示的接线原理图，断电完成 PLC 外部 I/O 接线。

（2）接线无误后，设备上电传送 PLC 程序。

（3）运行 PLC，接通 PLC 输出负载的电源回路。

（4）打开编程软件监控界面，合上开关 SA，观察天塔之光工作流程是否满足其控制要求。

【任务评价】

检测项目	评分标准	分值	学生自评	小组评分	教师评分
电路连接	正确进行电路连接、工艺合理	20			
软件启动	正确启动编程软件	10			
程序输入	能熟练进行梯形图程序的输入	10			
程序编辑	会编辑修改梯形图程序；能进行程序转换、存盘、写入等操作	10			
启动运行	会启动运行操作	10			
运行调试	会调试程序,分析程序存在问题并熟练修改程序	20			
团队协作	小组协调、合作	10			
职业素养	安全规范操作、着装、工位清洁等	10			
总分		100			

【知识点】

一、PLC 与外部设备的连接

PLC 常见的输入设备有按钮、行程开关、接近开关、转换开关、编码器、各种传感器等。输出设备有继电器、接触器、电磁阀等。这些外部元器件或设备与 PLC 连接时，必须符合 PLC 输入和输出接口电路的电气特性要求，才能保证 PLC 安全可靠地工作。

（一）PLC 与主令电器类（机械触点）设备的连接

图 2-4-5 为 PLC 与按钮、行程开关、转换开关等主令电气类输入设备的接线示意图。图中的 PLC 为直流汇点式输入，即所有输入点共用一个公共端 COM，输入侧的 COM 为 PLC 内部 DC 24 V 电源的负极，在外部开关闭合时，经光电隔离后进入 PLC 的 CPU 中。

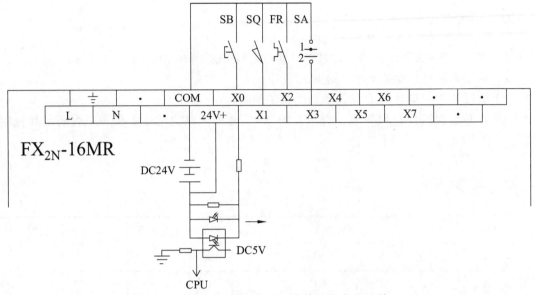

图 2-4-5　PLC 与主令电器类输入设备的连接

对于输入信号，在编程使用时要建立输入继电器的概念。外部开关为一个触点的动作状态，而 PLC 的输入继电器 X 具有动合触点和动断触点两种开关状态特性，这一点要特别注意。

（二）PLC 与传感器类（开关量）设备的连接

传感器的种类很多，其输出方式也各不相同，但与 PLC 基本单元连接的是开关量输出的传感器，模拟量输出的传感器需要特殊功能模块。

当采用接近开关、光电开关等两线式传感器时，由于传感器的漏电流较大，可能出现错误的输入信号而导致 PLC 误动作，此时可在 PLC 输入端并联旁路电阻 R，如图 2-4-6 所示 X6 连接的二线制传感器的接线方式。图中与 X2 连接的是使用 PLC 输出电源的三线制传感器的接线方式；与 X13 连接的是使用外部直流电源供电的三线制传感器的接线方式，需要将外部直流电源与 PLC 内直流电源共地。

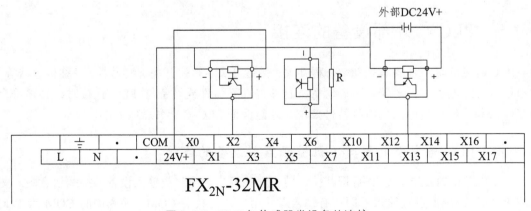

图 2-4-6　PLC 与传感器类设备的连接

（三）PLC 与输出设备的一般连接方法

PLC 与输出设备连接时，不同组（不同公共端）的输出点对应的输出设备（负载）的电压类型、等级可以不同，但同组（相同公共端）输出点的电压类型和等级应该相同，需要根据输出设备电压的类型和等级来决定是否分组连接。如图 2-4-7 所示，KM1、KM2、KM3 均为交流 220 V 电源，所以使用公共端 COM1；而 KA 则使用了 COM2，保证了不同电压等级的输出设备连接的安全性。需要注意的是，在设计过程中，尽可能采取措施使 PLC 输出端连接的控制元件为同一电压等级。另外要注意，在 PLC 输出继电器同为 ON 时可能造成电气故障，应首先考虑外部互锁的解决措施。例如，图 2-4-7 中 KM2 与 KM3 之间具有外部互锁的连接情况。

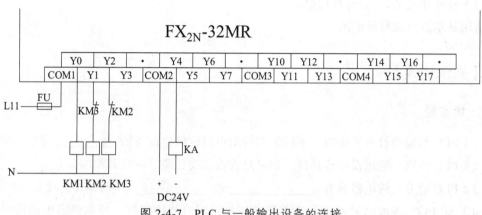

图 2-4-7　PLC 与一般输出设备的连接

（四）PLC 与感性输出设备的连接

PLC 的输出端经常连接感性输出设备（感性负载），因此需要抑制感性电路断开时产生的电压使 PLC 内部输出元件造成损坏。当 PLC 与感性输出设备连接时，如果是直流感性负载，应在其两端并联续流二极管；如果是交流感性负载，应在其两端并联阻容吸收电路。如图 2-4-8 所示，与 Y4 连接的是直流感性负载，与 Y0 连接的是交流感性负载。

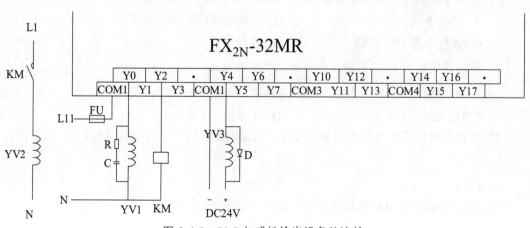

图 2-4-8　PLC 与感性输出设备的连接

图 2-4-8 中，可选用额定电流大于负载电流、额定电压为电源电压的 5 ~ 10 倍的续流二极管；电阻值可取 50 ~ 120 Ω，电容值可取 0.1 ~ 0.47 μF，电容的额定电压应大于电源的峰值电压。

【任务拓展】

有 8 盏彩灯（L1 ~ L8），控制任务如下：

（1）接通开关 SA，灯 L1、L2、L3、L4、L5，L6、L7、L8 每隔 1 s 依次点亮一盏。

（2）当灯亮至 L8 时，又从 L8 至 L1 每隔 1 s 依次点亮，循环进行。

（3）断开开关 SA，所有灯均熄灭。

请用基本指令编写梯形图。

【知识测评】

1. 填空题

（1）PLC 与输出设备连接时，不同组的输出点对应输出设备的_____可以不同。

（2）PLC 与感性输出设备连接时，如果是直流感性负载，应在其两端并联_____。

（3）PLC 的输入继电器具有_____和_____两种开关状态特性。

（4）与 PLC 基本单元连接的传感器是开关量输出的传感器，模拟量输出的传感器需要_____。

（5）外部元器件或设备与 PLC 连接时，必须符合 PLC_____的电气特性要求，才能保证 PLC 安全可靠地工作。

2. 选择题

（1）下面哪种信号不能作为 PLC 基本功能模块的输入信号（　　　）。

    A. 按钮开关　　　　　　　　　B. 热继电器动断触点

    C. 连接型压力传感器　　　　　D. 温度开关

（2）继电器输出型 PLC 的输出点的额定电压电流是（　　　）。

    A. DC 250 V/2 A　　　　　　　B. AC 250 V/2 A

    C. DC 220 V/1 A　　　　　　　D. AC 220 V/1 A

（3）并接与直流感性负载的续流二极管，其反向耐压值至少是电源电压的（　　）倍。

    A. 5　　　　　　　　　　　　　B. 3

    C. 20　　　　　　　　　　　　　D. 11

（4）晶体管输出型 PLC 的输出点的额定电压/电流约是（　　　）。

    A. DC 250 V/2 A　　　　　　　B. AC 250 V/2 A

C. DC 24 V/1 A   D. AC 220 V/0.5 A

（5）PLC 与输出设备连接时，同组的输出点电压类型和等级（　　　）。

   A. 相同   B. 不同

   C. 可以不同也可以相同

3. 简答题

（1）PLC 与传感器类设备连接的注意事项是什么？

（2）PLC 与输出设备连接的注意事项是什么？

任务五 抢答器的 PLC 控制

【任务目标】

1. 能力目标

（1）能够根据控制要求利用基本指令完成 LED 数字显示的 PLC 程序设计。

（2）能够熟练完成 PLC 应用设计的操作流程。

（3）能够熟练完成抢答器的 PLC 外部 I/O 接线及程序的调试。

2. 知识目标

（1）巩固辅助继电器 M 的应用。

（2）掌握 LED 显示器在 PLC 中的应用。

（3）掌握 PLC 常见故障判断方法并能进行简单修复。

3. 素质目标

（1）培养学生爱岗敬业、团结合作的精神。

（2）养成安全、文明生产的良好习惯。

【工作任务】

一、控制要求

抢答器的使用一般伴有显示设备，而 LED 显示器使用简单、应用广泛。工作中应注意 LED 灯对不同数字的正确显示，以满足任务要求。

设计一个四组抢答器，图 2-5-1 所示为抢答器仿真图，控制要求如下：

任一组抢先按下按键后,七段数码管显示器能及时显示该组的编号并使蜂鸣器发出响声,同时锁住抢答器,使其他组按键无效,只有按下复位按钮后方可再次进行抢答。

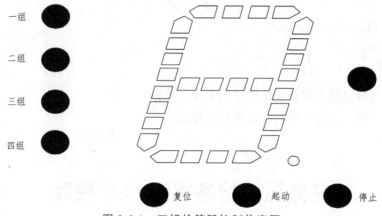

图 2-5-1　四组抢答器控制仿真图

二、任务分析

通过分析项目任务,知道需要对四组按键按下时的先后顺序进行比较,要解决的问题是将最快按下的组以数字的形式显示出来。具体分析如下:

(1)如果是第 1 组首先按下按键,通过 PLC 内部辅助继电器形成自保,控制其他组不形成自保,就可以实现按键的顺序判断。

(2)其他各组的设计方式同第 1 组的设计方式一样,哪一组先按下,哪一组就能自保。

(3)自保后,只有通过复位按键才能解除自保状态,从而进入下一次的抢答操作。

(4)LED 显示器由 7 个条形的发光二极管组成的,它们的阳极是连接在一起,如图 2-5-2 所示。只要让对应位置的发光二极管点亮,即可显示一定的数字字符。例如 b、c 段发光二极管点亮则显示字符"1"。所以可以通过 LED 显示器显示四个组的组号"1""2""3""4"。

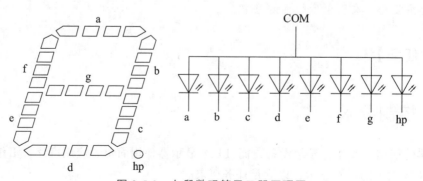

图 2-5-2　七段数码管显示器原理图

【任务实施】

一、任务材料表

通过查找电器元件选型表，确定该任务选择的元器件如表 2-5-1 所示。

表 2-5-1 设备材料表

序号	名称	型号、规格	数量	单位	备注
1	按钮	LA39-11	个	7	
2	空气断路器	DZ47-D25/3P	个	1	
3	数码管	LDS-20101BX	个	1	
4	蜂鸣器	AD16-16	个	1	
5	可编程控制器	FX$_{2N}$-48 MR-001	台	1	

二、确定 I/O 总点数及地址分配

在任务分析中详细地确定了输入量为 7 个按钮开关；输出有 8 个：1 个为蜂鸣器，另 7 个与 LED 的 7 个发光二极管连接。通过查找三菱 FX$_{2N}$ 系列选型表，PLC 的 I/O 分配的地址如表 2-5-2 所示。

表 2-5-2 I/O 地址分配表

	输入信号			输出信号	
1	复位开关 RST	X0	1	蜂鸣器	Y0
2	按键 1 SB1	X1	2	a	Y1
3	按键 2 SB2	X2	3	b	Y2
4	按键 3 SB3	X3	4	c	Y3
5	按键 4 SB4	X4	5	d	Y4
6	启动按钮 RUN	X5	6	e	Y5
7	停止按钮 STOP	X6	7	f	Y6
			8	g	Y7

三、I/O 接线控制原理图

根据 I/O 地址分配，抢答器的 PLC 接线原理图如图 2-5-3 所示。

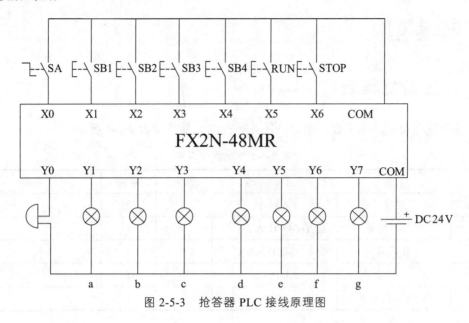

图 2-5-3 抢答器 PLC 接线原理图

四、程序设计

根据控制原理进行程序设计，程序如图 2-5-4 所示。

在程序中，M1、M2、M3、M4 分别对应四个组的按键，哪一组的按键先按下，哪一组的内部继电器就会先自保，通过互锁使其他三个内部继电器不能形成自保。

LED 显示数字字符需要 7 个输出，每一个字符的输出状态又不一样，把每个组的状态转换成 LED 对应的输出，可以称为 LED 编码。如表 2-5-3 所示，在第 2 组优先按下按键时，M2 自保持，PLC 需要输出的是 a、b、c、d、e 和 g 段，其他各组的输出对应均在表中列出。

表 2-5-3 输出对应表

		a（Y1）	b（Y2）	C（Y3）	d（Y4）	e（Y5）	f（Y6）	g（Y7）
"1" 组	M1		1	1				
"2" 组	M2	1	1		1	1		1
"3" 组	M3	1	1	1	1			1
"4" 组	M4		1	1			1	1

程序设计是根据表格找出与每个输出继电器有关的状态，从而编写一个逻辑行程序。例如：Y1 即 LED 的 a 的输出，从表格中可以看到，只要 M2 或 M3 有输出，则 Y1 输出。这样就可以根据表格编写其他各段的程序了。

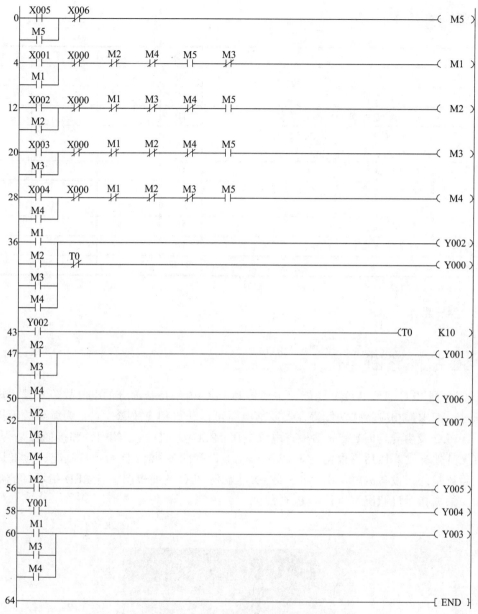

图 2-5-4　抢答器 PLC 控制程序

五、运行调试

根据原理图连接 PLC 线路，连线检查无误后，将上述程序下载到 PLC 中，运行程序，观察控制过程。

（1）首先，单独调试每组的按键，观察显示是否正确。

（2）四个组分别抢答，观察显示及控制过程。

（3）按下外部停止按钮 SB2，将 X2 置 ON 状态，观察 Y0 的动作情况。

【任务评价】

检测项目	评分标准	分值	学生自评	小组评分	教师评分
电路连接	正确进行电路连接，工艺合理	20			
软件启动	正确启动编程软件	10			
程序输入	能熟练进行梯形图程序的输入	10			
程序编辑	会编辑修改梯形图程序；能进行程序转换、存盘、写入等操作	10			
启动运行	会启动运行操作	10			
运行调试	会调试程序,分析程序存在问题并熟练改程序	20			
团队协作	小组协调、合作	10			
职业素养	安全规范操作、着装、工位清洁等	10			
总分		100			

【知识点】

PLC 故障诊断

FX$_{2N}$ 系列 PLC 具有自诊断功能，主要检测 PLC 内部特殊部分的电气故障和程序规则错误，通过查询内部相应特殊功能寄存器或继电器可以获得相应故障代码，为解除故障提供了依据。当 PLC 发生异常时，首先请检查电源电压、PLC 及 I/O 端子的螺钉和接插件是否松动，以及有无其他异常。然后再根据 PLC 基本单元上设置的各种 LED 指示灯状况，检查是 PLC 自身故障还是外部设备故障。图 2-5-5 是 FX$_{2N}$ 系列 PLC 的面板图，各 LED 指示灯的功能如图所示。根据指示灯状况可以诊断 PLC 故障。

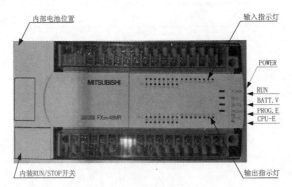

图 2-5-5　FX$_{2N}$ 系列 PLC 面板图

（一）电源指示（[POWER]LED 指示）

当向 PLC 基本单元供电时，基本单元表面上设置的[POWER]LED 指示灯会亮。如果电源合上，但[POWER]LED 指示灯不亮，请确认电源连线正确。另外，若存在用同一电源驱动传感器等的情况，请确认有无负载短路或过电流。若不是上述原因，则可能是 PLC 内混入导电性异物或存在其他异常情况，使基本单元内的熔断器熔断，此时可通过更换熔断器来解决故障。

如果是由于外围电路元器件较多而引起的 PLC 基本单元电流容量不足，需要使用外接的 DC 24 V 电源。

（二）内部电池指示（[BATT.V]LED 灯亮）

电源接通，若电池电压下降，则内部电池指示灯亮，特殊辅助继电器 M8006 动作。此时需要及时更换 PLC 内部电池，否则会影响 RAM 对程序的保持，也会影响定时器、计数器的工作稳定性。

（三）出错指示一（[PROG.E]LED 闪烁）

当程序语法错误（如忘记设定定时器或计数器常数等）、电路不良、电池电压异常下降、或有异常噪声、导电性异物混入等原因而引起程序内存的内容变化时，该出错指示灯会闪烁，PLC 处于 STOP 状态，同时输出全部变为 OFF，在这种情况下，应检查程序是否有错，检查有无导电性异物混入和高强度噪声源。

（四）出错指示二（[CPU.E]LED 灯亮）

由于 PLC 内部混入导电性异物或受外部异常噪声的影响，导致 CPU 失控或运算周期超过 200 ms，则 WDT 出错，该出错指示灯一直亮，PLC 处于 STOP 出错指示，同时输出全部变为 OFF。此时可进行断电复位，若 PLC 恢复正常，请检查一下有无异常噪声发生源和导电性异物混入的情况。另外，请检查 PLC 的接地是否符合要求。

检查过程中如果出现[CPU.E]LED 灯亮→闪烁的变化，请进行程序检查。如果 LED 依然一直保持灯亮状态时，请确认一下程序运算周期是否过长。

如果进行了全部的检查之后，[CPU.E]LED 灯亮状态仍然不能解除，应考虑 PLC 内部发生了某种故障，请与厂商联系。

（五）输入指示

不管输入单元的 LED 灯是亮还是灭，请检查输入信号开关是否为 ON 或 OFF 状态。使用时应注意以下几个方面：

（1）输入开关的电流过大，容易产生接触不良，另外还有因浸油引起的接触不良。

（2）输入开关与 LED 灯并联使用时，即使输入开关 OFF，但并联电路仍然导通，仍可对 PLC 进行输入。

（3）不接收小于 PLC 运算周期的开关信号输入。

（4）如果使用光传感器等输入设备，由于发光/受光部位有污垢等，引起灵敏度变化，有可能不能完全进入"ON"状态。

（5）如果在输入端子上外加不同的电压时，会损坏输入电路。

（六）输出指示

不管输出单元的 LED 灯是亮还是灭，如果负载不能进行 ON 或 OFF 时，主要是由于过载、负载短路或容量性负载的冲击电流等，引起继电器输出接点黏合，或接点接触面不好导致接触不良。

【任务拓展】

完成五组抢答器的程序设计，并上机完成程序的调试。（控制要求同四组抢答器）。

【知识测评】

1. 填空题

（1）如果是由于外围电路元器件较多而引起的 PLC 基本单元电流容量不足时，需要使用_____。

（2）检查过程中如果出现_____灯亮→闪烁的变化，请进行程序检查。

（3）PLC 不接收小于_____的开关信号输入。

（4）如果在 PLC_____上外加不同的电压时，会损坏输入电路。

（5）如果使用光传感器等输入设备，由于发光/受光部位有污垢等，引起灵敏度变化，有可能不能完全进入_____状态。

2. 选择题

（1）下列选项中属于 PLC 运行指示灯的是（　　　　）。

    A. RUN   B. CPU.E

    C. POWER   D. BATT.V

（2）下列选项中表示 PLC 内部电池故障的是（　　　　）。

    A. RUN   B. CPU.E

    C. POWER   D. BATT.V

（3）只有[PROG.E]LED 闪烁时,下列选项中应先做（　　　　）检查。

    A. 程序语法错误   B. 电池电压异常

    C. 异常噪声   D. 导电性异物混入

（4）电源接通，若电池电压下降，则（　　　　）指示灯亮。

    A. RUN   B. CPU.E

    C. POWER   D. BATT.V

（5）由于 PLC 内部混入导电性异物或受外部异常噪声的影响,（　　　　）指示灯会亮。

    A. RUN   B. CPU.E

    C. POWER   D. BATT.V

3. 简答题

（1）[PROG.E]LED 闪烁由什么原因引起?

（2）PLC 的输入开关使用时应注意什么问题?

项目三 步进顺控指令及其应用

【项目描述】

梯形图编程方式比较形象直观，容易被广大电气技术人员所接受。但是对于一些复杂的控制系统，尤其是顺序控制系统，其内部存在复杂的联锁、互动等关系，这种编程方式在程序的设计、修改等方面会有很大的难度。所以近几年，新一代的PLC在梯形图语言之外还增加了符合IEC1131-3标准的顺序功能图编程语言。顺序功能图（Sequential Function Chart，SFC）是描述控制系统的控制过程、功能和特性的一种图形语言，专门用于编制顺序控制程序。

下面通过四个任务的分析讲解与实施，介绍状态转移图的组成、特点、结构及步进指令的名称、功能等知识，并以任务为载体，掌握步进顺控指令的编程方法。

任务一：步进顺控编程介绍。

任务二：气动机械手搬料的PLC控制。

任务三：物料传送及分拣的PLC控制。

任务四：自动交通灯的PLC控制（一）。

任务一 步进顺控编程介绍

【任务目标】

1. 能力目标

（1）能够根据控制要求熟练设计出状态转移图。

（2）能够将状态流程图转换为对应的步进梯形图。

2. 知识目标：

（1）掌握软元件S的名称、符号、功能及编号。

（2）掌握状态转移图的设计方法、要素及结构。

（3）掌握步进顺控指令的名称、符号、功能及编程方法。

（4）掌握步进指令编程规则及编程方法。

3. 素质目标

具有较好的学习新知识、新技能及解决问题的能力。

【任务描述】

所谓顺序控制，就是按照生产工艺的流程顺序，在输入信号及内部软元件的作用下，使各个执行机构自动有序地运行。使用状态转移图设计程序时，首先应根据系统的工艺流程，画出状态转移图，然后把状态转移图转换为对应的步进梯形图或指令表。

三菱和汇川系列的 PLC 在基本逻辑指令之外增加了 2 条简单的步进顺控指令，同时辅之以大量的状态继电器，用类似 SFC 语言的状态流程图来编写顺序控制程序。

首先，我们来分析一下 4 盏灯（4 盏广告灯）循环点亮的过程。要求如下：按下启动按钮，红灯点亮 1 s→绿灯点亮 1 s→黄灯点亮 1 s→蓝灯点亮 1 s→红灯点亮 1 s→循环工作（先不考虑停止的问题）。这实际上就是一个顺序控制过程，整个过程可以分为 5 个阶段（也叫工序）：初始步、红灯亮、绿灯亮、黄灯亮、蓝灯亮。每个工序又分别完成以下工作（也叫动作）：初始步（在此暂无动作，一般有复位工作），亮红灯、延时，亮绿灯、延时，亮黄灯、延时，亮蓝灯、延时。各个工序之间只要延时时间到就可以过渡（也叫转移）到下一个工序（阶段）。因此，可以很容易画出其工作流程图，如图 3-1-1 所示。流程图对大家来说并不复杂，但要让 PLC 识别流程图，需要把流程图"翻译"成图 3-1-2 所示的状态转移图。这就是本次任务需要掌握并解决的问题。

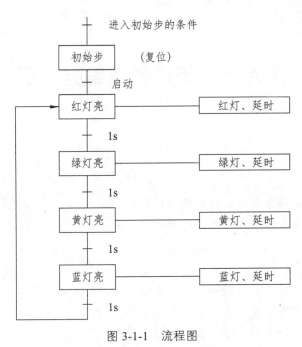

图 3-1-1　流程图

【知识点】

一、状态继电器 S

FX 系列状态继电器如表 3-1-1 所示。状态继电器是构成状态转移图的重要软元件，经常与步进梯形图指令 STL 结合使用。不用步进顺控指令时，状态继电器也可以作为辅助继电器在程序中使用。通常状态继电器有下面 5 种类型。

（1）初始状态继电器 S0 ~ S9 共 10 点。

（2）回零状态继电器 S10 ~ S19 共 10 点。

（3）通用状态继电器 S20 ~ S499 共 480 点。

（4）保持状态继电器 S500 ~ S899 共 400 点。

（5）报警用状态继电器 S900 ~ S999 共 100 点，这 100 个状态继电器可用作外部故障诊断。

表 3-1-1　FX 系列状态继电器

PLC	FX$_{1S}$	FX$_{1N}$	FX$_{2N}$	FX$_{3U}$
初始化状态继电器	10 点，S0 ~ S9			
通用状态继电器	—		490 点，S10 ~ S499	
锁存状态继电器	128 点，S0 ~ S127	1000 点，S0 ~ S999	400 点，S500 ~ S899	3596 点，S500 ~ S4095
信号报警器	—		100 点，S900 ~ S999	

二、状态转移图

状态转移图又称状态流程图，它是一种用状态继电器来表示的顺序功能图。在顺序控制中，每一个工序叫作一个状态，当一道工序完成后做下一道工序，可以表达成从一个状态转移到另一个状态。图 3-1-2 所示为 4 个广告灯的状态转移图，每个灯亮表示一个状态，用一个状态继电器 S。相应的负载和定时器连在状态继电器上，相邻两个状态器之间有一条短线，表示转移条件。当转移条件满足时，则会从上一个状态转移到下一个状态，而上一个状态自动复位。如要使输出负载保持，则应用 SET 指令来驱动负载（但是必须通过复位指令 RST 复位清零）。

每一个状态转移图应有一个初始状态继电器（S0～S9）在最前面，初始步用双线框表示，初始状态继电器要通过外部条件或其他状态器来驱动，图 3-1-2 中初始步 S0 是通过 M8002 驱动。其他状态均称为普通状态，用单线框表示；垂直线段中间的短横线表示转移条件（例如：X0 动合触点为 S0 到 S20 的转移条件，若为动断触点，则在软元件的正上方加一短横线表示），状态方框右边的水平横线表示该状态驱动的负载。

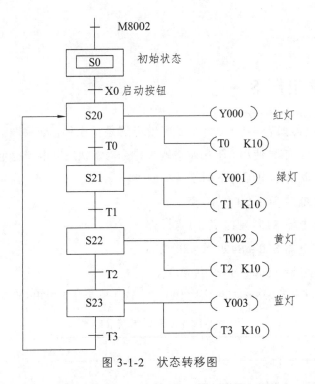

图 3-1-2 状态转移图

由此可见，状态转移图中的每个工步包含控制元件、驱动负载、转移条件、转移目标 4 个内容，如图 3-1-3 所示。状态转移图中的每个状态有驱动负载、指定转移方向和转移条件 3 个要素。其中转移条件和转移方向是必不可少的，驱动负载要视具体情况，也可能不进行实际负载的驱动。

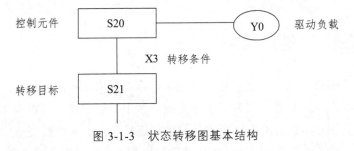

图 3-1-3 状态转移图基本结构

（一）设计状态转移图的方法和步骤

以之前的 4 盏广告灯控制系统（见图 3-1-1）为例：按下启动按钮 X0，红灯、绿灯、黄灯、蓝灯依次点亮 1 s。

（1）将整个控制过程按任务要求分解成若干道工序，其中的每一道工序对应一个状态（即"步"），并分配状态继电器。图 3-1-2 中，广告灯状态继电器分配如下：S0→初始状态，S20→红灯亮，S21→绿灯亮，S22→黄灯亮，S23→蓝灯亮。

（2）搞清楚每个状态的功能。状态的功能是通过状态元件驱动各种负载（即线圈或功能指令）来完成的，负载可由状态元件直接驱动，也可由其他软触点的逻辑组合驱动。图 3-1-2

中广告灯控制系统的各状态功能如下：

S0：初始状态。

S20：红灯亮 1 s（驱动线圈 Y0、T0）。

S21：绿灯亮 1 s（驱动线圈 Y1、T1）。

S22：黄灯亮 1 s（驱动线圈 Y2、T2）。

S23：蓝灯亮 1 s（驱动线圈 Y3、T3）。

（3）找出每个状态的转移条件和方向，即在什么条件下将下一个状态"激活"。状态的转移条件可以是单一的一个触点，也可以是多个触点串、并联电路的组合。

S0：初始脉冲 M8002（一般情况下用 M8002 作为初始步的转移条件）。

S20：一方面启动按钮 X0，另一方面是从 S23 来的定时器 T3 的延时闭合触点。

S21：定时器 T0 的延时闭合触点。

S22：定时器 T1 的延时闭合触点。

S23：定时器 T2 的延时闭合触点。

（3）根据控制要求或工艺要求，画出状态转移图，如图 3-1-2 所示。

（二）状态转移和驱动的过程

当某一状态被"激活"而成为活动状态时，它右边的电路才被处理（即扫描），即该状态的负载才可以驱动。当该状态的转移条件满足时，就执行转移，即后续状态对应的状态继电器和负载被 SET 或 OUT 指令驱动，后续状态变为活动步，同时原活动步状态对应的状态继电器被自动复位，其右边的负载也复位（SET 指令驱动的负载除外）。

图 3-1-2 所示的状态转移图的驱动过程如下：当 PLC 开始运行时，M8002 产生一个初始脉冲使初始状态 S0 置 1。当按下启动按钮 X0 时，状态转移到 S20，使 S20 置 1，同时 S0 在下一个扫描周期自动复位，S20 马上驱动 Y0、T0（红灯亮 1 s），当 T0 延时 1 s 后，转移条件 T0 闭合，状态从 S20 转移到 S21，使 S21 置 1，同时驱动 Y1、T1（绿灯亮 1 s），而 S20 则在下一个扫描周期自动复位，Y0、T0 线圈失电。当转移条件 T1 常开触点闭合，状态从 S21 转移到 S22，使 S22 置 1，同时驱动 Y2、T2（黄灯亮 1 s），而 S21 则在下一个扫描周期自动复位，Y1、T1 线圈失电。当转移条件 T2 常开触点闭合，状态从 S22 转移到 S23，使 S23 置 1，同时驱动 Y3、T3（蓝灯亮 1 s），而 S22 则在下一个扫描周期自动复位，Y2、T2 线圈失电。当转移条件 T3 闭合时，状态又从 S23 再次转移到状态 S20，使 S20 置 1，同时驱动 Y0、T0（红灯亮 1 s），而 S23 则在下一个扫描周期自动复位，Y3、T3 线圈失电，开始下一个工作循环。

（三）状态转移图的特点

状态转移图是由状态、状态转移条件及转移方向构成的流程图。具有以下特点：

（1）可以把复杂的控制任务或控制过程分解成若干个状态，有利于程序结构化设计。

（2）相对某一个具体的状态来说，控制任务简单了，给局部程序的编制带来了方便。

（3）整体程序是局部程序的综合，只要搞清楚各状态需要完成的工作、状态转移条件和转移的方向，就可以进行状态转移图的设计。

（4）这种流程图比较容易理解、直观，可读性很强，能方便地反映整个控制系统的流程。

三、状态转移图基本结构

（一）单流程

所谓单流程就是指状态转移只有一个流程，没有其他分支。如图 3-1-2 所示就是一个典型的单流程。由单流程构成的状态转移图就叫作单流程状态转移图。

（二）选择性流程

由 2 个及 2 个以上的分支流程组成，但是根据控制要求只能从中选择 1 个分支流程执行的程序，称为选择性流程程序。图 3-1-4 中有两路分支，X002、X004 是选择条件，当程序执行到 S20 时，X002 和 X004 谁先接通就执行相应的分支，则另一路分支则不能执行（转移条件 X002 和 X004 不能同时接通）。汇合状态 S26 可由 S22、S32 中的任意一个驱动。

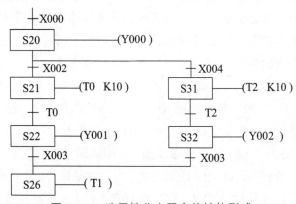

图 3-1-4　选择性分支程序的结构形式

选择性分支的编程与一般状态的编程一样，先进行驱动处理，然后进行转移处理，所有的转移处理按顺序执行，简称先驱动后转移。因此，首先对 S20 进行驱动处理（OUT Y000），然后按 S21、S31 的顺序进行转移处理。

选择性汇合的编程是先进行汇合前状态的驱动处理，然后向汇合状态进行转移处理。因此，首先分别对第一分支（S21 和 S22）、第二分支（S31 和 S32）进行驱动处理，然后按 S22、S32 的顺序向 S26 转移。

（三）并行性流程

由 2 个及 2 个以上的分支流程组成，但必须同时执行各分支的程序，称为并行性流程程序。图 3-1-5 中有两路分支，当程序执行到 S20 时，如果 X002 接通，则把状态同时传给 S21 和 S31，两路分支同时执行，当两路分支都执行完以后，S22、S32 接通，当 X003 接通后，则把状态传给 S26。所以并行性分支要把所有的分支都执行完以后才可以往下执行。

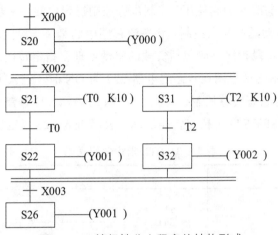

图 3-1-5　并行性分支程序的结构形式

并行性分支的编程与选择性分支的编程一样，先进行驱动处理，然后进行转移处理，所有的转移处理按顺序执行。根据并行性分支的编程方法，首先对 S20 进行驱动处理（OUT Y000），然后按第一分支（S21、S22），第二分支（S31、S32）的顺序进行转移处理。

并行性汇合的编程与选择性汇合的编程一样，也是先进行汇合前状态的驱动处理，然后按顺序向汇合状态进行转移处理。根据并行性汇合的编程方法，首先对 S21、S22、S31、S32 进行驱动处理，然后按 S22、S32 的顺序向 S26 转移。

四、步进梯形图指令 STL、RET

步进指令 STL 和 RET 的指令功能如表 3-1-2 所示。

表 3-1-2　STL、RET 指令功能表

助记符、名称	功　能	梯形图表示和可用元件	程序步
STL 步进梯形图	步进梯形图开始	S_n ⊢STL⊢—⊣ ⊢—（　）	1
RET 返回	步进梯形图结束	⊢—⊣ ⊢—［　RET　］	1

（一）STL 指令功能

步进梯形图开始指令。利用内部软元件状态继电器 S 的动合接点与左母线相连，表示步进控制的开始。

STL 指令与状态继电器 S 一起使用，控制步进控制过程中的每一步，S0 ~ S9 用于初始步控制，S10 ~ S19 用于自动返回原点控制。状态流程图中的每一步对应一段程序，每一步与其他步是完全隔离开的。每段程序一般包括负载的驱动处理，指定转换条件和指定转换目标 3 个功能。表 3-1-3 中所示的梯形图在状态继电器 S22 为 ON 时，进入了一个新的程序段。Y2 为驱动处理程序，X2 为状态转移控制，在 X2 为 ON 时表示 S22 控制的过程执行结束，可以进入下一个过程控制。SET S23 为指定转换目标，表示进入 S23 指定的控制过程。

表 3-1-3　STL 指令使用说明

状　态　图	梯　形　图	指　令　表	
S22 —— Y002 〈br〉 X2 〈br〉 S23	S22 —STL— (Y002) 〈br〉 X002 —[SET S23] 〈br〉 S23 —STL—	STL	S22
		OUT	Y002
		LD	X002
		SET	S23
		STL	S23

（二）RET 指令功能

步进梯形图结束指令。表示状态流程的结束，用于返回主程序母线的指令。

五、状态转移图与步进梯形图之间的转换

对状态转移图进行编程，也就是如何使用 STL 和 RET 指令的问题。用步进指令进行编程时，先画出状态转移图，再把状态转移图转换成梯形图和指令表，状态转移图、梯形图和指令表存在一定的对应关系。

图 3-1-2 中的单流程状态转移图对应的步进梯形图及指令表如图 3-1-6 所示。

从程序中可看出，负载驱动及转移处理必须在 STL 指令之后进行，负载的驱动通常使用 OUT 指令（也可以使用 SET、RST 及功能指令，还可以通过触点及其组合来驱动）；状态的转移必须使用 SET 指令，但若为向上游转移、而非向相邻的下游转移或向其他流程转移（称为不连续转移），一般不使用 SET 指令，而用 OUT 指令。

步进编程的基本思路：把复杂的控制过程分解成相对独立的多个工作步骤，对每一个工作步骤编制一段小程序，每一段小程序由一个特殊的常开触点（步进触点）来控制，多个小程序有机结合，完成整个控制过程。这种编程方法称为步进指令编程，简称步进编程。

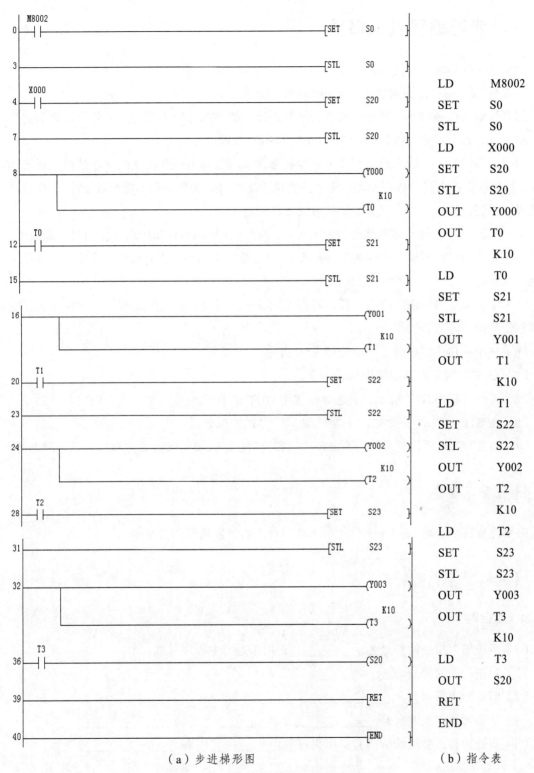

LD	M8002
SET	S0
STL	S0
LD	X000
SET	S20
STL	S20
OUT	Y000
OUT	T0
	K10
LD	T0
SET	S21
STL	S21
OUT	Y001
OUT	T1
	K10
LD	T1
SET	S22
STL	S22
OUT	Y002
OUT	T2
	K10
LD	T2
SET	S23
STL	S23
OUT	Y003
OUT	T3
	K10
LD	T3
OUT	S20
RET	
END	

（a）步进梯形图　　　　　　　　　　（b）指令表

图 3-1-6　单系列分支步进梯形图及指令表

六、步进编程注意事项

（1）状态号不可重复使用。

（2）与 STL 指令相连的触点应使用 LD 或 LDI 指令。

（3）初始状态必须预先做好驱动，否则状态流程图不可能向下进行。一般用控制系统的初始的条件，若无初始条件，可由 M8000 或 M8002 驱动。

用 S0 ~ S9 表示初始状态，有几个初始状态，就对应几个相互独立的状态过程。开始运行后，初始状态可由其他状态驱动。每个初始状态下面的分支数总和不能超过 16 个，对总状态数没有限制。从每个分支点上引出的分支不能超过 8 个。

（4）由于 CPU 只执行活动状态对应的程序，因此，在状态转移图中允许使用双线圈输出。但是同一元件的线圈不能在同时为活动状态的 STL 程序中出现，在并行性分支中，要特别注意这个问题。

（5）定时器线圈同输出线圈一样，可在不同状态间对同一软元件编程。但在相邻状态中则不宜使用同一定时器线圈。

（6）在中断和子程序内，不能使用 STL 指令。

（7）在 STL 指令内不能使用跳转指令。

（8）连续转移用 SET 指令，非连续转移用 OUT 指令。

（9）在 STL 与 RET 指令之间不能使用 MC、MCR 指令。

（10）需要在断电后恢复或维持断前的状态，可使用 S500 ~ S899 断电保持性状态继电器。

【任务拓展】

分别完成图 3-1-4、图 3-1-5 中状态转移图对应的步进梯形图及指令表。

【知识测评】

1. 填空题

（1）步进结束指令的符号为_____，用于返回主程序母线。

（2）步进指令的符号为_____。

（3）STL 指令后面只跟_____指令。

（4）状态转移图三要素是_____、_____和_____。

（5）步进转移图常见的结构有：单流程 、_____和 _____3 种。

2. 选择题

（1）在步进梯形图中，不同状态之间输出继电器线圈可以使用（   ）次。

  A. 一   B. 八

  C. 十   D. 无数

（2）每个初始状态下面的分支数总和不能超过（　　　）个。

  A. 1   B. 2

  C. 16   D. 无数

（3）在状态转移图，用于初始步的状态继电器有（　　　）。

  A. S2   B. 2

  C. S246   D. 不确定

（4）超过 8 个分支可以集中在一个分支点上引出（　　　）。

  A. 错误   B. 正确

  C. 不确定

（5）在步进梯形图中，步进指令唯一能操作的软元件是（　　　）。

  A. X   B. Y

  C. S   D. M

3. 画出图 3-1-7 所示状态转移图的梯形图。

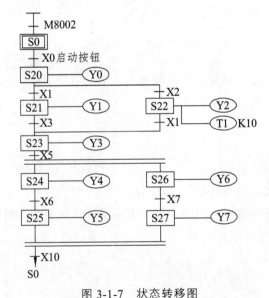

图 3-1-7　状态转移图

4. 简答题

（1）什么是顺序控制？如何用 PLC 实现顺序控制？

（2）画出 6 盏彩灯循环点亮的状态流程图（点亮顺序和时间可以任意设定），并转换成对应的步进梯形图和指令表。

任务二　气动机械手搬料的 PLC 控制

【任务目标】

1. 能力目标

（1）能够根据控制要求熟练设计出状态转移图。

（2）能够将状态流程图转换为对应的步进梯形图。

（3）能够熟练完成机械手搬料 PLC 控制外部 I/O 接线及程序的调试。

2. 知识目标

（1）掌握搬运机械手的结构及组成。

（2）掌握搬运机械手的气动回路与电气回路的工作原理。

（3）掌握单流程程序的设计方法。

3. 素质目标

（1）培养学生爱岗敬业、团结合作的精神。

（2）养成安全、文明生产的良好习惯。

【工作任务】

机械手是机电一体化设备或自动化生产系统中常用的装置，用来搬运物件或代替人工完成某些操作。通过该任务的学习与训练，可以了解搬运机械手的结构组成、搬运原理、搬运流程及 PLC 应用程序的设计方法。

一、控制要求

机械手如图 3-2-1 所示，控制要求如下：

（1）复位功能。PLC 上电运行后，机械手按照手爪放松、手爪上伸、手臂缩回、手臂左旋至左侧限位处停止的顺序依次复位。

（2）启停控制。机械手复位后，按下启动按钮，机构起动。按下停止按钮，机构完成当前工作循环后停止。

（3）搬运功能。机构起动后，若出料口有物料，气动机械手臂伸出→到位后提升臂伸出，手爪下降→到位后，手爪抓料夹紧 0.5 s→时间到，提升臂缩回，手爪上升→到位后机械手臂缩回→到位后机械手臂向右旋转→至右侧限位，定时 1 s 后手臂伸出→到位后提升臂伸出，手爪下降→到位后定时 0.5 s，手爪放松、放下物料→手爪放松到位后，提升臂缩回，手爪上升→到位后机械手臂缩回→到位后机械手臂向左旋转至左侧限位处，等待物料开始新的工作循环。

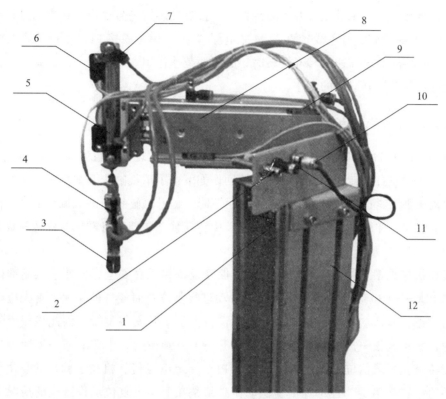

图 3-2-1　气动机械手

1—旋转气缸；2—非标螺丝；3—手爪部件；4—夹紧限位磁性开关；5—提升气缸；
6—上升限位磁性开关；7—节流阀；8—伸缩气缸；9—缩回限位磁性开关；
10—旋转限位传感器；11—旋转缓冲阀；12—安装支架

二、任务分析

（一）机械手搬运机构认识

手爪：抓取和松开物料，由双控电磁阀控制，手爪夹紧磁性传感器有信号输出，指示灯亮，在控制过程中不允许两个线圈同时得电。

摆动气缸：机械手手臂的左右旋转，由双控电磁阀控制。

提升气缸：机械手手臂下降、上升，由双控电磁阀控制。气缸上装有两个磁性传感器，检测气缸伸出或缩回位置。

伸缩气缸：机械手手臂伸出、缩回，由双控电磁阀控制。气缸上装有两个磁性传感器，检测气缸伸出或缩回位置。

磁性传感器：用于气缸的位置检测。检测气缸伸出和缩回是否到位，因此在前后位置各装一个磁性传感器，当检测到气缸准确到位后将给 PLC 发出一个信号（在应用过程中棕色线接 PLC 主机输入端，蓝色线接 PLC 输入公共端）。

接近传感器：机械手臂正转和反转到位后，接近传感器信号输出（在应用过程中棕色线接直流 24 V 电源"+"、蓝色线接直流 24 V 电源"–"、黑色线接 PLC 主机的输入端）。

缓冲器：旋转气缸高速正转和反转时，起缓冲减速作用。

节流阀：调节控制气压的大小。

（二）复位功能分析

从图 3-2-1 中结合控制要求可以看出，该机械手可以实现 4 个自由度的动作：手爪提升、手爪松紧、手臂左右旋转和手臂伸缩。具体动作如下：手爪气缸张开即机械手松开、手爪气缸夹紧即机械手夹紧；提升气缸伸出即机械手下降、提升气缸缩回即机械手上升；伸缩气缸伸出即手臂前伸、伸缩气缸缩回即手臂后缩；旋转气缸左转即手臂左旋、旋转气缸右旋即手臂右旋。

在气动机械手搬运物料工作之前，为了保障设备和人身安全，并使手爪能准确抓取物料，要求 PLC 一上电运行，机械手系统就自动进行复位。而复位的顺序，首先应该从安全角度方面考虑，其次应该考虑机械手在实训设备上的实际安装位置，因此机械手复位的顺序通常为：手爪放松→放松到位后，手臂上升→上升到位后，手臂缩回→缩回到位后，机械手左旋转至左侧限位位置停止。因为要求 PLC 一上电运行，机械手就自动复位，该段控制程序必须编在初始步，且每一个复位动作必须是在上一个复位动作到位的情况下才能进行当前复位动作。

（三）搬料流程分析

在整个搬运过程中，气动机械手通过 4 个自由度的动作完成物料的搬运工作，其搬运动作流程如图 3-2-2 所示。

复位之后，按下启动按钮，如果料口有物料，程序应该从初始步转入工作步，之后气动机械手按照图 3-2-2 的搬运动作流程开始搬料，如此循环工作。按下停止按钮，机械手完成当前工作，回到初始位置停止。搬运流程中必须在上一个搬运动作到位后才能进行当前搬运动作。例如：手臂伸出，只有当手臂伸出到位后，才能进行手臂下降搬运动作，这是一个很典型的单流程程序，在绘制任务状态转移图时，除了要分析出每一个状态的输出动作，还应该分析出从上一个状态转移到下一状态的转移条件是什么。最后在编制完一个工作周期的状态转移图之后，如何让程序自动循环也是一个很重要的关键点。

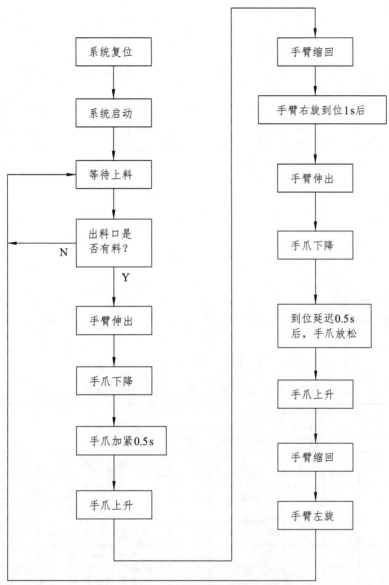

图 3-2-2 机械手搬运机构动作流程图

（四）机械手搬运机构气动回路分析

机械手搬运工作主要是通过电磁换向阀改变气缸运动方向来实现的。机械手搬运物料的气动原理如图 3-2-3 所示。气动回路中的驱动控制元件是 4 个两位五通双控电磁换向阀及 8 个节流阀。气动执行元件是提升气缸、伸缩气缸、旋转气缸及气动手爪。同时，气路配有气动二联件及气源、气管等辅助元件。机械手搬运机构气动回路的动作原理如表 3-2-1 所示。

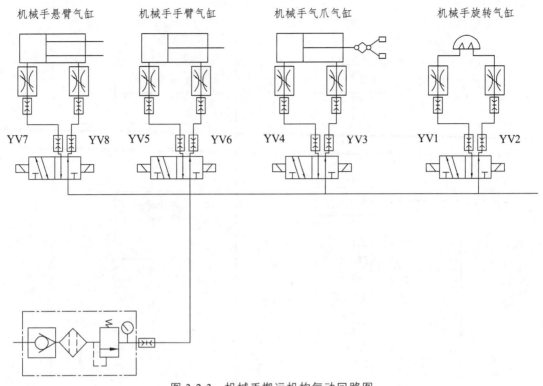

图 3-2-3　机械手搬运机构气动回路图

表 3-2-1　控制元件、执行元件状态一览表

电磁换向阀线圈得电情况								执行元件状态	机构动作
YV1	YV2	YV3	YV4	YV5	YV6	YV7	YV8		
+	−							旋转气缸正转	手臂右转
−	+							旋转气缸反转	手臂左转
		+	−					气爪气缸加紧	手爪抓料
		−	+					气爪气缸放松	手爪放料
				+	−			手臂气缸伸出	手臂下降
				−	+			手臂气缸缩回	手臂上升
						+	−	悬臂气缸伸出	悬臂伸出
						−	+	悬臂气缸缩回	悬臂缩回

　　以手臂气缸控制回路为例，若 YV5 得电，YV6 失电，电磁换向阀 A 口出气，B 口回气，从而控制手臂气缸伸出，机械手手臂下降；若 YV5 失电，YV6 得电，电磁换向阀 A 口回气，B 口出气，从而改变气动回路的气压方向，控制手臂气缸缩回，机械手手臂上升。机构的其他气动工作原理与之相同。

　　简而言之，就是在 PLC 编程中通过程序控制电磁阀线圈得电与否，从而改变气动回路的气压方向，控制机械手动作。电磁换向阀有两根引出线，其中红色线接 PLC 的输出信号端子

（直流电源 24 V "＋"），绿色线接直流电源 24 V "－"。若两线接反，电磁换向阀的指示 LED 不能点亮，但不会影响电磁换向阀的动作功能。

【任务实施】

一、任务材料表

通过查找电器元件选型表，确定本任务选择的元器件如表 3-2-2 所示。

表 3-2-2 设备材料表

序号	名称	型号、规格	数量	单位	备注
1	伸缩气缸套件	CXSM15-100	套	1	
2	提升气缸套件	CDJ2KB16-75-B	套	1	
3	手爪套件	MHZ2-10D1E	套	1	
4	旋转气缸套件	CDRB2BW20-180S	只	1	
5	固定支架		套	1	
6	加料站套件		套	1	
7	料盘套件		套	1	
8	电感式传感器	NSN4-2 M60-E0-AM	只	2	左右摆动限位
9	光电传感器	E3Z-LS61	只	1	料口检测
10	磁性传感器	D-59B	只	1	气爪抓紧限位
11		SIWKOD-Z73	只	2	悬臂伸出缩回限位
12		D-C73	只	2	手臂上升下降限位
13	缓冲器		只	2	
14	PLC 模块	FX$_{2N}$—48 MR	块	1	
15	按钮模块	YL157	块	1	
16	电源模块	YL046	块	1	

二、确定 I/O 总点数及地址分配

结合控制任务要求，控制电路中有启动按钮 SB1、停止按钮 SB2、7 个机械手位置检测传感器及 1 个料台检测传感器，有 8 个输出电磁阀线圈，分别控制机械手的放松、抓紧、上升、下降、伸出、缩回、左转、右转 8 个动作。故本任务中输入点数为 10 个，输出点数为 8 个。I/O 地址分配如表 3-2-3 所示。

表 3-2-3 I/O 地址分配表

	输入信号			输出信号	
1	启动按钮 SB1	X0	1	手臂右旋 YV1	Y0
2	停止按钮 SB2	X1	2	手臂左旋 YV2	Y2
3	气动手爪传感器 SCK1	X2	3	手爪抓紧 YV3	Y4
4	旋转左限位传感器 SQP1	X3	4	手爪松开 YV4	Y5
5	旋转右限位传感器 SQP2	X4	5	提升气缸下降 YV5	Y6
6	气动手臂伸出传感器 SCK2	X5	6	提升气缸上升 YV6	Y7
7	气动手臂缩回传感器 SCK3	X6	7	伸缩气缸伸出 YV7	Y10
8	手爪提升限位传感器 SCK4	X7	8	伸缩气缸缩回 YV8	Y11
9	手爪下降限位传感器 SCK5	X10			
10	物料检测传感器 SQP3	X11			

三、I/O 接线控制原理图

根据 I/O 地址分配，机械手搬料机构 PLC 接线原理图如图 3-2-4 所示。

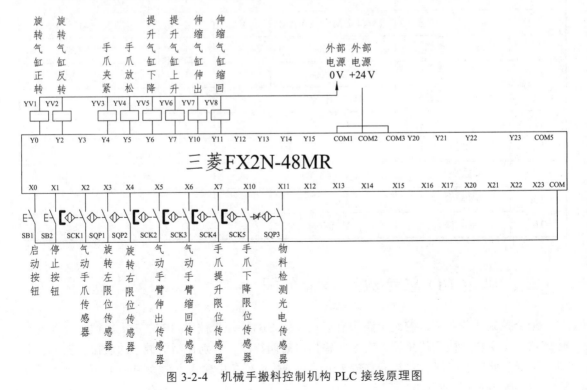

图 3-2-4 机械手搬料控制机构 PLC 接线原理图

四、程序设计

结合表 3-2-1（控制元件、执行元件状态一览表）及表 3-2-3（I/O 地址分配表），通过分析可以绘制出机械手搬料控制状态转移图，如图 3-2-5 所示。

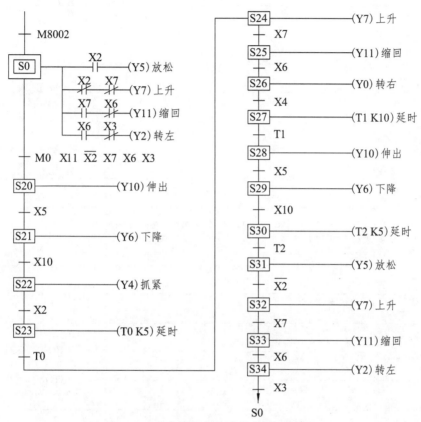

图 3-2-5　机械手搬运机构状态转移图

机械手搬运机构状态转移图转换为梯形图如图 3-2-6 所示。从梯形图中可以看出，该任务程序包含三大控制功能。

（一）启停控制

按下启动按钮 SB1，X0 为 ON，启停标志辅助继电器 M0 得电，为初始步 S0 向工作状态 S20 转移提供了必要的条件。按下停止按钮 SB2，X1 为 ON，M0 失电，初始状态 S0 向 S20 转移的条件不成立，PLC 无法从 S0 状态向下执行程序，机构停止工作。

（二）机械手复位控制

PLC 上电后运行的第一个扫描周期，M8002 为 ON，激活 S0 状态，执行机械手复位程序，Y5 得电放松→当 X2 为 ON 时，Y7 得电机械手上升→当 X7 为 ON 时，Y11 得电机械手缩回→当 X6 为 ON 时，Y2 得电机械手左转至左限位处停止，X3 为 ON。

```
       X000    X001                                              (M0      )
0      ─┤├─────┤/├─────────────────────────────────────────────
        M0
       ─┤├──┘

       M8002
4      ─┤├────────────────────────────────────────────[SET     S0      ]

7      ────────────────────────────────────────────────[STL     S0      ]

       X002
8      ─┤├─────────────────────────────────────────────────────(Y005    )

       X002    X007
10     ─┤/├────┤/├─────────────────────────────────────────────(Y007    )

       X007    X006
13     ─┤├─────┤/├─────────────────────────────────────────────(Y011    )

       X006    X003
16     ─┤├─────┤/├─────────────────────────────────────────────(Y002    )

       M0     X011   X002   X007   X006   X003
19     ─┤├────┤├────┤/├────┤├────┤├────┤├──────────────[SET     S20     ]

27     ────────────────────────────────────────────────[STL     S20     ]

28     ────────────────────────────────────────────────[STL     S20     ]

29     ───────────────────────────────────────────────────────(Y010    )

       X005
30     ─┤├──────────────────────────────────────────────[SET     S21     ]

33     ────────────────────────────────────────────────[STL     S21     ]

34     ───────────────────────────────────────────────────────(Y006    )

       X010
35     ─┤├──────────────────────────────────────────────[SET     S22     ]

38     ────────────────────────────────────────────────[STL     S22     ]

39     ───────────────────────────────────────────────────────(Y004    )

       X002
40     ─┤├──────────────────────────────────────────────[SET     S23     ]

43     ────────────────────────────────────────────────[STL     S23     ]

                                                          K5
44     ───────────────────────────────────────────────────────(T0      )

       T0
47     ─┤├──────────────────────────────────────────────[SET     S24     ]
```

```
50 ────────────────────────────────────[STL    S24  ]

51 ────────────────────────────────────( Y007  )

   X007
52 ──┤├──────────────────────────────────[SET    S25  ]

55 ────────────────────────────────────[STL    S25  ]

56 ────────────────────────────────────( Y011  )

   X006
57 ──┤├──────────────────────────────────[SET    S26  ]

60 ────────────────────────────────────[STL    S26  ]

61 ────────────────────────────────────( Y000  )

   X004
62 ──┤├──────────────────────────────────[SET    S27  ]

65 ────────────────────────────────────[STL    S27  ]
                                                   K10
66 ────────────────────────────────────( T1   )

   T10
69 ──┤├──────────────────────────────────[SET    S28  ]

72 ────────────────────────────────────[STL    S28  ]

73 ────────────────────────────────────( Y010  )

   X005
74 ──┤├──────────────────────────────────[SET    S29  ]

77 ────────────────────────────────────[STL    S29  ]

78 ────────────────────────────────────( Y006  )

   X010
79 ──┤├──────────────────────────────────[SET    S30  ]

82 ────────────────────────────────────[STL    S30  ]
                                                   K5
83 ────────────────────────────────────( T2   )

   T2
86 ──┤├──────────────────────────────────[SET    S31  ]

89 ────────────────────────────────────[STL    S31  ]
```

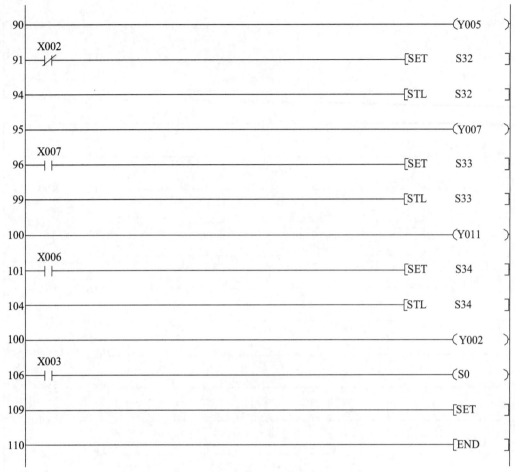

图 3-2-6　机械手搬运机构梯形图

（三）机械手搬料控制

当物料机构复位到位后，按下启动按钮 X0 后 M0 得电，且送料机构料口有料时，X11 为 ON，激活状态 S20→Y10 得电，悬臂伸出→当 X5 为 ON 时，激活状态 S21→Y6 得电，机械手下降→当 X10 为 ON 时，激活状态 S22→Y4 得电，抓料→X2 为 ON，激活状态 S23→抓紧定时 0.5 s 到，激活状态 S24→Y7 得电，手臂上升→当 X7 为 ON 时，激活状态 S25→Y11 得电，机械手缩回→当 X6 为 ON 时，激活状态 S26→Y0 得电，悬臂右转→当右转到位 X4 为 ON 时，激活状态 S27→延时 1 s 后激活状态 S28→Y10 得电，机械手伸出→当 X5 为 ON 时，激活状态 S29→Y6 得电，手臂下降→当 X10 为 ON 时，激活状态 S30→延时 0.5 s 后激活状态 S31→Y5 得电，放料→当放松到位，X2 为 OFF 时，激活状态 S32→Y7 得电，手臂上升→当 X7 为 ON 时，激活状态 S33→Y11 得电，机械手缩回→当 X6 为 ON 时，激活状态 S34→Y2 得电，机械手左转→当 X3 为 ON 时，激活状态 S0，开始新的循环工作。

五、运行调试

（1）按照图 3-2-4 的接线原理图，断电完成 PLC 外部 I/O 接线。

（2）启动三菱编程软件，输入机械手搬运机构梯形图，如图 3-2-6 所示。

（3）接线无误后，设备上电传送 PLC 程序。

（4）运行 PLC，接通 PLC 输出负载的电源回路。

（5）打开编程软件监控界面，按下启动按钮 SB1，观察物料传送及分拣机构能否按表 3-2-4 所示步骤执行。

表 3-2-4 联机调试结果一览表

步骤	操作过程	设备实现的功能	备注
1	PLC 上电 （出料口无料）	手爪放松	机构初始复位
		手爪上升	
		手臂缩回	
		手臂左转	
2	按下启动按钮， 并给料台加物料	手臂伸出	物料搬运
		手爪下降	
		手爪抓紧	
3	0.5 s 后	手爪上升	
		手臂缩回	
		手臂右转	
4	右转到位 1 s 后	手臂伸出	
		手爪下降	
5	下降到位 0.5 s 后	手爪放松	
		手爪上升	
		手臂缩回	
		手臂左转到位后停在初始位置	
6	重新加料，按下停止按钮，机构完成当前工作循环后停止工作		

【任务评价】

检测项目	评分标准	分值	学生自评	小组评分	教师评分
电路连接	正确进行电路连接、工艺合理	20			
软件启动	正确启动编程软件	10			
程序输入	能熟练进行梯形图程序的输入	10			
程序编辑	会编辑修改梯形图程序；能进行程序转换、存盘、写入等操作	10			
启动运行	会启动运行操作	10			
运行调试	会调试程序,分析程序存在问题并熟练修改程序	20			
团队协作	小组协调、合作	10			
职业素养	安全规范操作、着装、工位清洁等	10			
总分		100			

【知识点】

一、单流程程序设计的方法和步骤

（1）根据控制要求，列出 PLC 的 I/O 分配表，画出 I/O 接线图。

（2）将整个工作过程按工作步序进行分解，每个工作步序对应一个状态，将其分为若干状态。

（3）理解每个状态的功能和作用，即设计负载驱动程序。

（4）找出每个状态的转移条件和转移方向。

（5）根据以上分析，画出控制系统的状态转移图。

（6）根据状态转移图写出梯形图。

二、常见传感器认识

（1）电容式传感器：不仅可以检测非金属物体，还可以检测金属物体。其感应面由两个同轴金属电极构成。

（2）电感式传感器：主要检测金属物体，是一种利用线圈自感量或互感量实现非电量电测的一种装置，可以用于测量微小的位移以及有关的工件尺寸、压力等参数。在本任务的机械手搬料左右限位位置控制，以及下一任务（物料机构控制）中的物料识别位置一都用到了该传感器。

（3）光电式传感器：检测原理是把光强度的变化转换成电信号的变化，属于红外调制型无损检测光电传感器。光电式传感器一般由发射器、接收器和检测电路构成，具有体积小，寿命长，响应速度快，使用简单，耐震动等优点。在本任务的出料口位置及落料口位置中用到了该传感器。

（4）光纤式光电传感器：又称光电传感器，它利用光导纤维进行信号传输。按照动作方式的不同，光纤传感器可分为对射式、漫反射式等多种类型。在下个控制任务（物料机构控制）中的物料识别位置二及物料识别位置三中用到了该传感器。通过调节其放大器的灵敏度，可用于检测白色和黑色物料。

（5）电磁式传感器：又称磁性开光，是液压与气动控制系统中常见的传感器，主要用来检测气缸活塞位置。一般可以分为有触点式和无触点式两种。本任务的气动机械手控制系统及下个实训任务的物料传送控制系统中用到的磁性开关均为有触点式，用于检测气缸活塞杆的运动行程。

在本任务的实训设备中使用的传感器按线制来分主要有直流两线制传感器和直流三线制传感器两种。除了磁性传感器为直流两线制传感器之外，其余均为直流三线制传感器。其中直流三线制传感器有棕色、蓝色和黑色三根连接线，其中棕色线接直流电源 DC 24 V 的"+"极，蓝色线接直流电源的 DC 24 V"－"极（及 PLC 的输入公共端），而黑色线则是信号线，接 PLC 的输入端。直流两线制传感器则只有蓝色和棕色两根连接线，其中棕色线是信号线，接 PLC 的输入端，而蓝色线则接 PLC 的输入公共端 COM。

三、气动控制技术基本知识

所谓气动技术，就是以压缩空气为工作介质进行能量传递或信号传递的工程技术。气动控制技术以其操作方便、无污染、无油、抗振动等优点，现已成为实现工业自动化控制的一种重要手段，在电子工业、包装机械、食品机械等领域得到了应用广泛。

气动传动控制过程如图 3-2-7 所示。

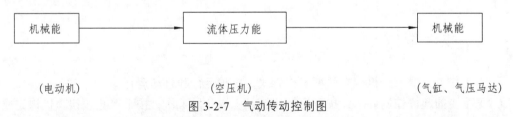

图 3-2-7 气动传动控制图

动力装置、执行元件、控制元件、辅助装置及传动介质等组成一个完整的气动控制系统。

（1）动力装置：把机械能转换成压力能的装置，一般常见的有液压泵或空气压缩机。

（2）传动介质：传动能量的流体，如压缩空气或液压油。

（3）执行元件：主要起到将压缩空气的压力能转换成机械能的作用，气缸属于常见的执行元件。根据使用的条件、场合的不同，气缸的结构、形状也各不相同，常见的气缸有单作用气缸、双作用气缸、旋转气缸、气爪。压缩空气只能在气缸的一侧进气的气缸称为单作用气缸，压缩空气推动活塞动作，然后借助于其他外力，如重力、弹簧力等作用活塞返回。双作用气缸则是指压缩空气可以从气缸的两侧进气，从而实现活塞的往返运动。旋转气缸是利用压缩空气驱动输出轴在小于 360° 的角度范围内做往复摆动的气动执行元件。气动手爪又称气动手指，是指实现各种抓取功能的执行元件，也是气动机械手中的重要部件之一。

（4）控制元件：实现对压缩空气流量、压力、流动方向等控制的元件。方向控制阀又称换向阀，主要是使气体流动方向发生变化从而改变气动执行元件的运动方向。目前用得比较多的换向阀主要有电磁换向阀（简称电磁阀）。而流量控制阀主要实现对气体流量的控制，常见的流量控制阀有节流阀、截止阀及调速阀等。而压力控制阀则主要控制压缩空气的压力。

（5）辅助装置：如消声器、管件等，主要是起到保证气动控制系统正常工作的一系列装置。

用规定的图形符号来表征系统中的元件、元件之间的连接、压缩气体的流动方向和系统实现的功能，这样的图形叫作气动系统图或气动回路图，如图 3-2-3 所示。

【任务拓展】

机械手搬运机构的改造要求及任务如下：、

一、功能要求

（1）复位功能。PLC 上电，机械手爪放松、手爪上伸、手臂缩回、手臂左旋至左侧限位处停止。

（2）搬运功能。机构启动后，若加料站出料口上有物料→提升手臂伸出，手爪下降→到位后，手爪抓物夹紧 1 s→时间到，提升手臂缩回，手爪上升→到位后机械手臂向右旋转→到右侧限位，定时 2 s 后手臂伸出→到位后提升手臂伸出，手爪下降→到位后定时 0.5 s，手爪放松、放下物料→手爪放松到位后，提升手臂缩回，手爪上升→到位后机械手臂缩回→到位后机械手臂向左旋转至左侧限位处，等待物料开始新的工作循环。

二、技术要求

（1）工作方式要求：机构有两种工作方式，单步运行和自动运行。

（2）系统的起停控制要求：按下启动按钮，机构开始工作；按下停止按钮，机构完成当前工作循环后停止；按下急停按钮，机构立即停止工作。

三、工作任务

（1）按机构要求列出 I/O 地址分配表。

（2）按机构要求画出 I/O 接线原理图。

（3）按机构要求绘制状态转移图。

（4）根据状态转移图画出 PLC 梯形图。

【知识测评】

1. 简述机械手搬运物料的工作流程。

2. 简述该任务中传感器、电磁阀线圈的接线要点。

3. 若在该任务中，按下停止按钮，机构立即停止工作，再次按下启动按钮时，机构接着停止前的工作状态继续工作，程序应该如何设计？

4. 有一台四级传送带运输机，分别由 M1、M2、M3、M4 四台电动机拖动，其动作顺序如下：

（1）启动时，要求按 M1→M2→M3→M4 顺序起动。

（2）停止时，要求按 M4→M3→M2→M1 顺序停止。

上述动作要求按 5 s 的时间间隔进行。

根据控制要求列出 I/O 地址分配表，画出 PLC 输入/输出接线图及状态转移图，并转换为梯形图程序。

任务三 物料传送及分拣的 PLC 控制

【任务目标】

1. 能力目标

（1）能够根据控制要求熟练设计出状态转移图。

（2）能够将状态流程图转换为对应的步进梯形图。

（3）能够熟练完成物料传送及分拣 PLC 控制外部 I/O 接线及程序的调试。

2. 知识目标

（1）掌握物料传送及分拣机构的结构及组成。

（2）掌握物料传送及分拣机构的气动回路与电气回路的工作原理。

（3）掌握选择性流程程序的设计方法。

3. 素质目标

（1）培养学生爱岗敬业、团结合作的精神。

（2）养成安全、文明生产的良好习惯。

【工作任务】

在工件的生产和加工过程中，经常需要对不同材质或不同颜色的工件进行不同的处理，只有识别出工件的种类才能完成相应的生产加工。通过该任务的学习与训练，了解物料传送及分拣机构的组成结构，掌握物料传送及分拣机构的工作原理、传送分拣的流程及 PLC 应用程序的设计方法。

一、控制要求

物料传送及分拣机构如图 3-3-1 所示，控制要求如下：

（1）启停控制。按下启动按钮，机构开始工作；按下停止按钮，机构执行完当前工作循环后停止。

（2）传送功能。当传送带入料口的光电传感器检测到物料时，变频器启动，驱动三相交流异步电机以 35 Hz 的频率正转运行，传送带开始自左向右运转输送物料，分拣完毕，传送带停止运转。

（3）分拣功能：

① 分拣金属物料。当启动推料一传感器检测到金属物料时，推料一气缸动作，活塞杆伸出将它推入料槽一内。当推料一气缸伸出，限位传感器检测到活塞杆伸出，到位后，活塞杆缩回；缩回限位传感器检测气缸缩回到位后，传送带停止运行。

② 分拣白色塑料物料。当启动推料二传感器检测到白色塑料物料时，推料二气缸动作，活塞杆伸出将它推入料槽二内。当推料二气缸伸出，限位传感器检测到活塞杆伸出到位后，活塞杆缩回；缩回限位传感器检测气缸缩回到位后，传送带停止运行。

③ 分拣黑色塑料物料。当启动推料三传感器检测到黑色塑料物料时，推料三气缸动作，活塞杆伸出将它推入料槽三内。当推料三气缸伸出，限位传感器检测到活塞杆伸出到位后，活塞杆缩回；缩回限位传感器检测气缸缩回到位后，传送带停止运行。

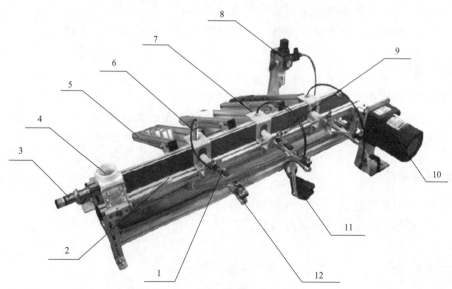

图 3-3-1 物料传送及分拣机构

1—位置一伸出到位磁性开关；2—传送机构；3—落料口传感器；4—料口；5—料槽；6—电感式传感器；7—光纤式传感器；8—过滤调压阀；9—节流阀；10—三相异步电机；11—光纤放大器；12—推料气缸

二、任务分析

（一）物料传送及分拣机构认识

落料口传感器：检测是否有物料送到传送带上，并给 PLC 一个输入信号。

落料孔：物料落料位置定位。

料槽：放置物料。

电感式传感器：检测金属材料，检测距离为 3～5 mm。

光纤传感器：用于检测不同颜色的物料，可通过调节光纤放大器来区分对不同颜色的灵敏度。

三相异步电机：驱动传送带转动，由变频器控制。

推料气缸：将物料推入料槽，由电控气阀控制。

（二）物料传送、识别及分拣功能分析

从图 3-3-1 可以看出，在该系统中，落料口传感器主要为传送带提供一个输入信号，若有料则给 PLC 发出一个输入信号，驱动三相异步电动机旋转从而带动传送带转动。金属材料主要由电感式传感器检测，若检测到信号，则启动气缸一动作，检测距离为 3.5 mm。光纤传感器通过调节光纤放大器来区分不同颜色的灵敏度，可以用于检测不同颜色的物料。在该系统中，光纤传感器用于检测白色和黑色物料，并启动气缸二和气缸三动作。

物料传送及分拣控制系统的工作流程如图 3-3-2 所示。

从图 3-3-2 可以看出，按下启动按钮机构开始工作。当落料口传感器检测到有料时，变频器启动，驱动三相异步电动机工作，带动传送带自左向右输送物料。若为金属物料，位置一电感传感器检测到信号，驱动气缸一动作，活塞杆伸出将该金属物料推入料槽一内，当气缸一伸出到位，传感器检测到活塞杆伸出到位后，活塞杆缩回，当缩回到位传感器检测到活塞杆缩回到位后，传送带停止运行。若为白色物料，位置二光纤传感器检测到信号，驱动气缸二动作，活塞杆伸出将该白色物料推入料槽二内，当活塞杆伸出到位，且对应气缸二伸出到位，传感器检测到信号后，活塞杆缩回，当气缸二缩回到位传感器检测到活塞杆缩回到位后，传送带停止运行。若为黑色物料，位置三光纤传感器检测到信号，驱动气缸三动作，活塞杆伸出将该黑色物料推入料槽三内，当气缸三伸出到位，传感器检测到活塞杆伸出到位后，活塞杆缩回，当缩回到位传感器检测到活塞杆缩回到位后，传送带停止运行。在运行过程中，若按下停止按钮，机构完成当前工作循环后停止。

在绘制该任务状态转移图时，物料的识别和分拣是个关键点。当机构启动、落料口有料时，传送带开始传送物料，然后按照物料材质的不同分拣物料。初始步之后，状态转移图应该根据物料材质的不同分成三个分支，这是一个典型性的选择性流程。如果是金属，执行第一分支的程序；如果是白料，则执行第二分支的程序；如果是黑料，则执行第三分支的程序。

而选择流程的重点在于确定各选择分支的转移条件。在任务中可以充分利用三个物料检测传感器的特性对三种物料进行识别和分拣，只要物料识别准确无误，那么该任务的控制程序也就迎刃而解了。

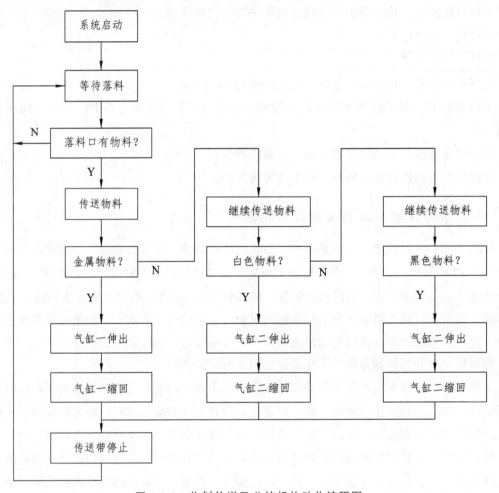

图 3-3-2　物料传送及分拣机构动作流程图

（三）物料分拣控制气动回路分析

物料分拣工作主要是通过电磁换向阀控制推料气缸的伸缩来实现。气动原理图如图 3-3-3所示。在该气动回路图中，所有电磁阀线圈均为单向电控电磁阀线圈，与双向电控阀的区别在于单控阀初始位置是固定的，只能控制一个方向，而双向电控阀由于初始位置是任意的，所以可以随意控制两个位置。

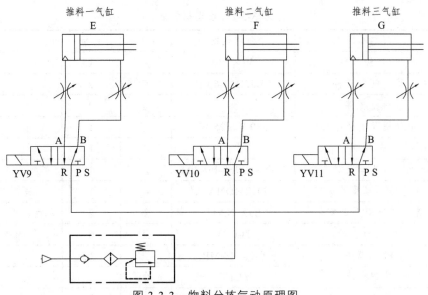

图 3-3-3 物料分拣气动原理图

物料传送与分拣机构气动回路中的驱动控制元件是 3 个两位五通单控电磁换向阀及 6 个节流阀;气动执行元件是 3 个推料气缸;同时气路配有气动二联件及气源、气管等辅助元件。

工作原理:物料分拣控制气动回路的动作原理如表 3-3-1 所示。

表 3-3-1 控制元件、执行元件状态一览表

电磁换向阀线圈得电情况			执行元件状态	机构动作
YV91	YV10	YV11		
+			推料一气缸伸出	推出一动作
	+		推料二气缸伸出	推出二动作
		+	推料三气缸伸出	推出三动作

以推料一气缸控制回路为例,若 YV9 得电,单控电磁换向阀 A 口出气,B 口回气,推料气缸一伸出,将金属物料推入料槽一;若 YV9 失电,单控电磁换向阀则在弹簧作用下复位,A 口回气,B 口出气,从而改变气动回路的气压方向,推料一气缸缩回。推料二、推料三气动工作原理与之相同。PLC 编程中通过程序控制电磁阀线圈得电与否,改变气动回路的气压方向,控制气缸动作。

【任务实施】

一、任务材料表

通过查找电器元件选型表,确定本任务选择的元器件如表 3-3-2 所示。

表 3-3-2 设备材料表

序号	名称	型号规格	单位	数量	备注
1	传送线套件	50×700	套	1	
2	推料气缸套件	CDJ2B10-60-B	套	2	
3	料槽套件		套	2	
4	电动机及安装套件	380 V，25 W	套	1	
5	落料口		只	1	
6	电感式传感器及其支架	NSN4-2M60-E0-AM	套	1	金属检测
7	光电传感器及其支架	G012MDNA-A	套	1	落料口检测
8	光纤传感器及其支架	E3X-NA11	套	2	白色、黑色物料检测
9	磁性传感器	D-C73	套	6	气缸伸缩到位
10	PLC 模块	FX$_{2N}$-48 MR	块	1	
11	按钮模块	YL157	块	1	
12	电源模块	YL046	块	1	
13	变频器模块	E740	块	1	

二、变频器参数设定

因为该任务中的三相异步电动机需要变频器驱动，所以需要对变频器的相关参数进行设置，结合控制任务主要需要设对参数 Pr4 = 35 Hz，Pr79 = 2 Hz 进行设置，变频器参数设置如表 3-3-3 所示。

表 3-3-3 变频器参数设置表

序 号	参数代号	参数值/Hz	说 明
1	Pr4	35	高速（需要自行设定）
4	Pr7	5	加速时间（需要自行设定）
5	Pr8	5	减速时间（需要自行设定）
6	Pr79	2	电动机控制模式（外部控制）（需要自行设定）

三、确定 I/O 总点数及地址分配

根据控制任务要求，控制电路中有启动按钮 SB1、停止按钮 SB2、6 个推料气缸位置检测传感器、料口检测传感器、金属物料检测传感器、白色物料检测传感器及黑色物料检测传感器，有 3 个输出电磁阀线圈，分别控制推料一、推料二、推料三 3 个动作，变频器输出控制 2 个，一个控制正转，另一个控制速度。故在本任务中输入点数为 12 个，输出点数为 5 个。I/O 地址分配如表 3-3-4 所示。

表 3-3-4　I/O 地址分配表

	输入信号			输出信号	
1	启动按钮 SB1	X0	1	驱动推料一气缸伸出	Y12
2	停止按钮 SB2	X1	2	驱动推料二气缸伸出	Y13
3	推料一气缸伸出限位传感器 SCK6	X12	3	驱动推料三气缸伸出	Y14
4	推料一气缸缩回限位传感器 SCK7	X13	4	变频器正转	Y20
5	推料二气缸伸出限位传感器 SCK8	X14	5	变频器低速	Y21
6	推料二气缸缩回限位传感器 SCK9	X15			
7	推料三气缸伸出限位传感器 SCK10	X16			
8	推料三气缸缩回限位传感器 SCK11	X17			
9	启动一推料传感器	X20			
10	启动二推料传感器	X21			
11	启动二推料传感器	X22			
12	落料口检测光电传感器	X23			

四、I/O 接线控制原理图

根据 I/O 地址分配，物料传送与分拣机构 PLC 接线原理图如图 3-3-4 所示。

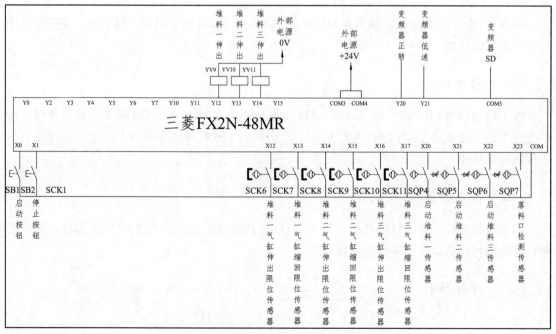

图 3-3-4　物料传送及分拣机构 PLC 接线原理图

五、程序设计

根据对控制任务的分析和理解，结合表 3-3-1（控制元件、执行元件状态一览表）及表 3-3-4（I/O 地址分配表），绘制出传送带传送物料及分拣机构 PLC 控制状态转移图，如图 3-3-5 所示。

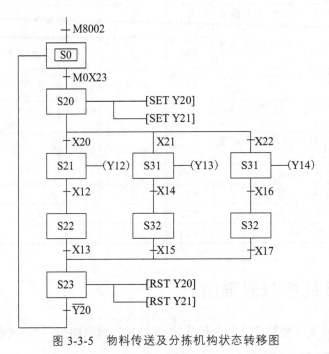

图 3-3-5　物料传送及分拣机构状态转移图

图 3-3-5 的状态转移图转换为梯形图如图 3-3-6 所示。从梯形图中可以看出，该任务程序包含三大控制功能。

（一）启停控制

按下启动按钮 SB1 后，X0 为 ON，M0 得电自锁，为激活状态 S20 提供了必要条件。按下停止按钮 SB2 后，X1 为 ON，M0 失电，S0 向状态 S20 转移缺失条件，故程序执行完当前工作循环后停止。

（二）传送功能

当机构起动后，若入料口有料，X23 为 ON，状态 S20 激活，Y20 和 Y21 置位，启动变频器低速运行，驱动传送带传送物料。

（三）分拣物料

分拣程序有三个分支，根据物料的材质选择不同分支执行。

若为金属物料，则启动推料一传感器动作，X20 为 ON，S21 状态激活，Y12 为 ON，气缸一伸出将金属物料推入料槽一内。当气缸一伸出到位后，X12 为 ON，S22 激活，Y12 失电，气缸一缩回。当气缸一缩回到位后，X13 为 ON，S23 状态激活，复位 Y20 和 Y21，传送带停止工作。

　　若为白色物料，则启动推料二传感器动作，X21 为 ON，S30 状态激活，Y13 为 ON，气缸二伸出将白色物料推入料槽二内。当气缸二伸出到位后，X14 为 ON，S31 激活，Y13 失电，气缸二缩回。当气缸二缩回到位后，X15 为 ON，S23 状态激活，复位 Y20 和 Y21，传送带停止工作。

　　若为黑色物料，则启动推料三传感器动作，X22 为 ON，S40 状态激活，Y13 为 ON，气缸三伸出将黑色物料推入料槽三内。当气缸三伸出到位后，X16 为 ON，S41 激活，Y14 失电，气缸三缩回。当气缸三缩回到位后，X17 为 ON，S23 状态激活，复位 Y20 和 Y21，传送带停止工作。

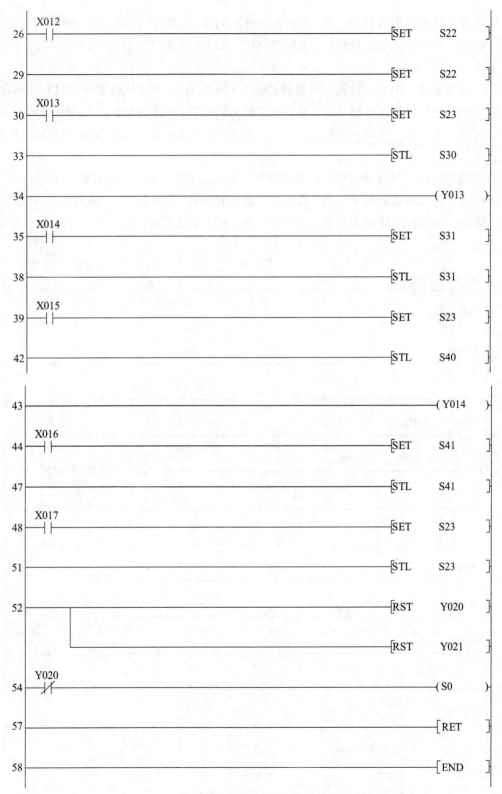

图 3-3-6　传送带传送物及分拣物料机构梯形图

六、运行调试

（1）按照图 3-3-4 的接线原理图，断电完成 PLC 外部 I/O 接线。

（2）启动三菱编程软件，输入传送带传送及分拣机构梯形图，如图 3-3-6 所示。

（3）接线无误后，设备上电传送 PLC 程序。

（4）运行 PLC，接通 PLC 输出负载的电源回路。

（5）打开编程软件监控界面，按下启动按钮 SB1，观察物料传送及分拣机构能否按表 3-3-5 所示过程执行。

表 3-3-5　联机调试结果一览表

步骤	操作过程	设备实现的功能	备注
1	按下启动按钮 SB1	机构启动	
2	落料口放入金属物料	传送带运转	
3	物料传送至金属传感器	气缸一伸出，金属物料分拣至料槽一内	
4	气缸一伸出到位后	气缸一缩回，传送带停转	
5	落料口放入白色物料	传送带运转	
6	物料传送至白料检测传感器	气缸二伸出，白色物料分拣至料槽二内	
7	气缸二伸出到位后	气缸二缩回，传送带停转	
8	落料口放入黑色物料	传送带运转	
9	物料传送至黑料检测传感器	气缸三伸出，黑色物料分拣至料槽三内	
10	气缸三伸出到位后	气缸三缩回，传送带停转	
11	重新加料，按下停止按钮 SB2，机构完成当前工作循环后停止工作		

【任务评价】

检测项目	评分标准	分值	学生自评	小组评分	教师评分
电路连接	正确进行电路连接、工艺合理	20			
软件启动	正确启动编程软件	10			
程序输入	能熟练进行梯形图程序的输入	10			
程序编辑	会编辑修改梯形图程序；能进行程序转换、存盘、写入等操作	10			
启动运行	会启动运行操作	10			
运行调试	会调试程序，分析程序存在问题并熟练修改程序	20			
团队协作	小组协调、合作	10			
职业素养	安全规范操作、着装、工位清洁等	10			
总分		100			

【知识点】

本任务是由变频器控制电动机运行方向和频率,其中电动机的正反转在 EXT 模式下可直接由外部的按钮开关手动实现,也可通过 PLC 编程控制变频器外部按钮开关,从而实现自动控制。而不管手动控制还是自动控制,要求里面所有的参数都必须通过变频器的参数设定来实现,具体参数设定如表 3-3-6 所示。

表 3-3-6 参数设定

参数编号	说明
Pr0	转矩提升(根据情况进行设定)
Pr1	上限频率
Pr2	下限频率
Pr3	基准频率
Pr4	高速(多段速速度 1)
Pr5	中速(多段速速度 2)
Pr6	低速(多段速速度 3)
Pr7	加速时间
Pr8	减速时间
Pr9	电子过流
Pr24—Pr27	多段速设定(速度 4—速度 7)
Pr232—Pr239	多段速设定(速度 8—速度 15)
Pr79	操作模式:0(电源一上电为外部模式);1(PU 模式);2(外部模式; 3(PU 调频,外部起停);4(外部调频、PU 起停)

变频器控制电路的主电路接线如图 3-3-7 所示。电源输入端送入 380 V 交流电压,三相电源线必须连接至变频器的输入端子 R/L1、S/L2、T/L3,绝对不能直接接变频器输出端 U、V、W,否则会损坏变频器。三相电动机接到变频器的输出端 U、V、W。

图 3-3-7 主电路电源和电动机与变频器的连接

【任务拓展】

物料传动及分拣机构的改造要求及任务如下:

一、功能要求

（一）传送功能

当传动带入料口的光电传感器检测到物料时,变频器启动,驱动三相交流异步电动机以 30 Hz 的频率正转运行,传送带开始输送物料,分拣完毕,传送带停止运转。

（二）分拣功能

1. 分拣黑色物料

当推料一传感器检测到黑色物料时,推料一气缸动作,将黑色物料推入料槽一内。当推料一气缸伸出限位传感器检测到活塞杆伸出到位后,活塞杆缩回;缩回限位传感器检测气缸缩回到位后,三相异步电动机停止运行。

2. 分拣金属物料

当推料二传感器检测到金属物料时,推料二气缸动作,将金属物料推入料槽二内。当推料二气缸伸出限位传感器检测到活塞杆伸出到位后,活塞杆缩回;缩回限位传感器检测气缸缩回到位后,三相异步电动机停止运行。

3. 分拣白色物料分拣黑色物料

当推料三传感器检测到白色物料时,推料一气缸动作,将白色物料推入料槽三内。当推料三气缸伸出限位传感器检测到活塞杆伸出到位后,活塞杆缩回;缩回限位传感器检测气缸缩回到位后,三相异步电动机停止运行。

（三）打包功能

当料槽中已有 5 个物料时,要求物料打包取走,打包指示灯点亮,5 s 后继续传送分拣工作。

二、技术要求

（1）按下启动按钮,机构开始工作。
（2）按下停止按钮,机构完成当前工作循环后停止。

三、工作任务

（1）按机构要求列出 I/O 地址分配表。

（2）按机构要求画出 I/O 接线原理图。

（3）按机构要求绘制状态转移图。

（4）根据状态转移图写出 PLC 梯形图。

【知识测评】

1. 简述物料传送机构的组成。

2. OUT 指令与 SET 指令有什么异同？

3. 用选择流程尝试完成电动机正反转 PLC 控制。（相关要求参见项目二任务三。）

4. 应用题。

物料搬运、传送及分拣控制的要求如下：

（1）机械手复位功能。PLC 上电，机械手手爪放松、手爪上伸、手臂缩回、手臂左旋至左侧限位处停止。

（2）启停控制。机械手复位后，按下启动按钮，系统开始工作。按下停止按钮，系统完成当前工作循环后停止。

（3）搬运功能。若加料站出料口有物料，机械手臂伸出 → 手爪下降 → 手爪夹紧抓物 → 0.5 s 后手爪上升 → 手臂缩回 → 手臂右旋 →1 s 后手臂伸出→手爪下降→0.5 s 后，若传送带上无物料，则手爪放松、释放物料 → 手爪上升 → 手臂缩回→左旋至左侧限位处停止。

（4）传送功能。当传送带入料口的光电传感器检测到物料时，变频器启动，驱动三相交流异步电机以 25 Hz 的频率正转运行，传送带自左向右传送物料。当物料分拣完毕时，传送带停止运转。

（5）分拣功能。

① 分拣金属物料。当启动推料一传感器检测到金属物料时，推料一气缸动作，活塞杆伸出将它推入料槽一内。当推料一气缸伸出，限位传感器检测到活塞杆伸出到位后，活塞杆缩回；缩回限位传感器检测气缸缩回到位后，传送带停止运行。

② 分拣白色塑料物料。当启动推料二传感器检测到白色塑料物料时，推料二气缸动作，活塞杆伸出将它推入料槽二内。当推料二气缸伸出，限位传感器检测到活塞杆伸出到位后，活塞杆缩回；缩回限位传感器检测气缸缩回到位后，传送带停止运行。

③ 分拣黑色塑料物料。当启动推料三传感器检测到黑色塑料物料时，推料三气缸动作，活塞杆伸出将它推入料槽三内。当推料三气缸伸出，限位传感器检测到活塞杆伸出到位后，活塞杆缩回；缩回限位传感器检测气缸缩回到位后，传送带停止运行。

（1）按机构要求画出气路图。

（2）按机构要求列出 I/O 地址分配表。

（3）按机构要求画出 I/O 接线原理图。

（4）按机构要求绘制状态转移图。

（5）根据状态转移图画出 PLC 梯形图。

任务四　自动交通灯的 PLC 控制（一）

【任务目标】

1. 能力目标

（1）能够根据控制要求熟练设计出状态转移图。

（2）能够将状态流程图转换为对应的步进梯形图。

（3）能够熟练完成自动交通灯 PLC 控制的外部 I/O 接线及程序的调试。

2. 知识目标

（1）掌握交通灯的程序设计及外部接线。

（2）掌握并行性流程程序的设计方法。

3. 素质目标

（1）具有较强的计划组织能力和团队协作能力。

（2）具有较强的与人沟通和交流能力。

（3）具有较好的学习新知识、新技能及解决问题的能力。

【工作任务】

一、控制要求

设计一个用 PLC 控制的十字路口交通灯的控制系统，其控制要求如下：

（1）自动运行。当转换开关 SA 置于 OFF 时，交通灯处于自动运行模式，按下启动按钮 SB1，信号灯系统按图 3-4-1 所示要求开始工作（绿灯闪烁的周期为 100 ms）。按下停止按钮 SB2，所有信号灯熄灭，交通灯停止工作。

（2）手动运行。当转换开关 SA 置于 ON 时，交通灯处于手动运行模式，此时两方向的黄灯同时闪烁，周期是 100 ms。

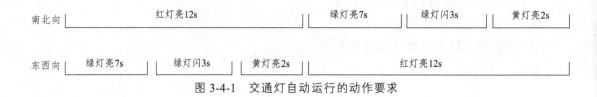

图 3-4-1 交通灯自动运行的动作要求

二、任务分析

通过对图 3-4-1 交通灯的控制要求进行分析，其自动运行的时序图如图 3-4-2 所示。

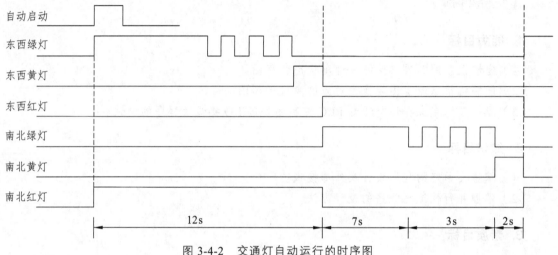

图 3-4-2 交通灯自动运行的时序图

从图 3-4-2 中可以看出，当转换开关置于 OFF 时，进入自动运行模式，按下启动按钮后，东西向：东西绿灯点亮 7 s，7 s 后东西绿灯闪烁 3 s（周期为 100 ms），3 s 后东西黄灯点亮 2 s，此期间南北红灯一直处于点亮状态（点亮时间为 12 s），12 s 后进入下半个周期的控制，南北向：南北绿灯点亮 7 s，7 s 后南北绿灯闪烁 3 s（周期为 100 ms），3 s 后南北黄灯点亮 2 s，此期间东西红灯一直处于点亮状态，按下停止按钮，所有信号灯均熄灭。

两种工作方式的切换主要是通过转换开关 SA 进行的。手动模式下，可以用特殊辅助继电器 M8012 产生的脉冲（周期为 100 ms）来控制闪烁信号。

通过分析，该任务可以通过两种编程方法进行设计。

（一）基本逻辑指令编程

根据上述控制时序图，该任务中要用到 8 个（或者至少 6 个）定时器控制信号灯的通、断，用特殊辅助继电器 M8012 产生的脉冲（周期为 100 ms）来控制闪烁信号。

（二）步进顺控编程

因为东西向和南北向的信号灯动作是同时进行的，所以东西方向和南北方向的信号灯的动作过程可以看成是 2 个独立的顺序控制过程，可以采用并行性分支与汇合的编程方法。

【任务实施】

一、任务材料表

通过查找电器元件选型表，确定本任务选择的元器件如表 3-4-1 所示。

表 3-4-1 设备材料表

序号	名称	型号、规格	数量	单位	备注
1	PLC 模块	FX$_{2N}$—48 MR	1	台	
2	按钮模块 SB	YL157	2	个	
3	转换开关 SA	NP2-BJ21	1	个	
4	指示灯红色 HL	DC24V 指示灯	4	个	
5	指示灯绿色 HL	DC24V 指示灯	4	个	
6	指示灯黄色 HL	DC24V 指示灯	4	个	

二、确定 I/O 总点数及地址分配

根据控制任务要求所知，控制电路中有启动按钮 SB1、停止按钮 SB2、转换开关 SA，有 12 盏指示灯，分别控制交通信号灯的南北红灯、南北绿灯、南北黄灯、东西红灯、东西绿灯、东西黄灯 6 个动作。故在本任务中输入点数为 3 个，输出点数为 6 个。I/O 地址分配如表 3-4-2 所示。

表 3-4-2 I/O 地址分配表

	输入信号			输出信号	
1	转换开关	X0	1	东西红灯	Y0
1	启动按钮 SB1	X1	2	东西绿灯	Y1
2	停止按钮 SB2	X2	3	东西黄灯	Y2
			4	南北红灯	Y3
			5	南北绿灯	Y4
			6	南北黄灯	Y5

三、I/O 接线控制原理图

根据 I/O 地址分配，交通灯控制 PLC 接线原理如图 3-4-3 所示。

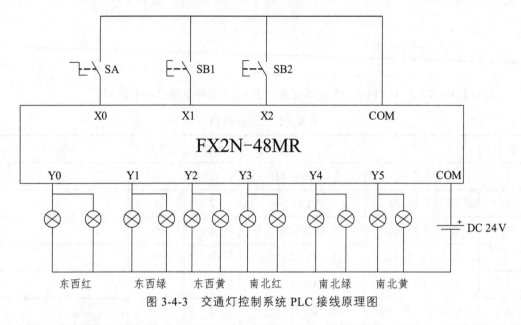

图 3-4-3 交通灯控制系统 PLC 接线原理图

四、程序设计

根据系统的控制要求及 I/O 分配，该任务可以用两种方法进行程序设计，其基本逻辑梯形图如图 3-4-4 所示。步进顺控编程状态转移图如图 3-4-5 所示。

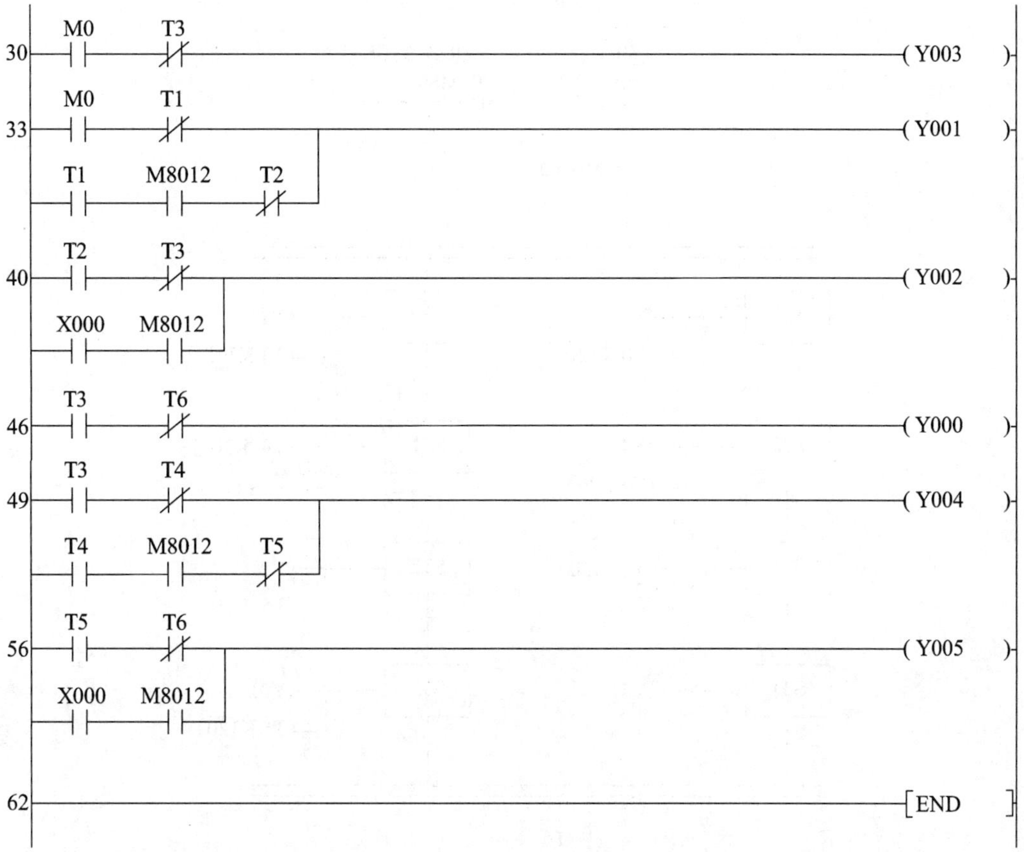

图 3-4-4 交通灯控制基本逻辑指令梯形图

从图 3-4-4 中可以看出，该程序主要用基本逻辑指令实现控制，定时器的应用很重要。梯形图中一共用到 6 个定时器，结合图 3-4-2（交通灯自动运行时序图），在程序中利用定时器的延时常开和常闭触点控制各交通信号灯的通、断。

图 3-4-5 中，M0 为启动标志位，当按下启动按钮后，M0 为 ON，当按下停止按钮后，M0 为 OFF。状态转移图按南北向和东西向分为两个分支，找出每个分支中各个状态之间的转移条件和每个状态的驱动输出是关键。

当 PLC 上电运行后，自动复位状态 S21～S33，若 SA 置于 ON，X0 为 ON，此时交通灯处于手动运行模式，两个黄灯闪烁。若 SA 置于 OFF，X0 为 OFF，且按下启动按钮 SB1 后，M0 为 ON，则进入自动运行模式，交通灯按照并行流程程序执行。在自动运行过程中，按下停止按钮 SB2 后，交通灯立即停止工作；若在自动运行过程中，将 SA 置于 ON，自动运行模式下的所有信号灯停止工作，并进入手动运行模式（两个黄灯闪烁）。

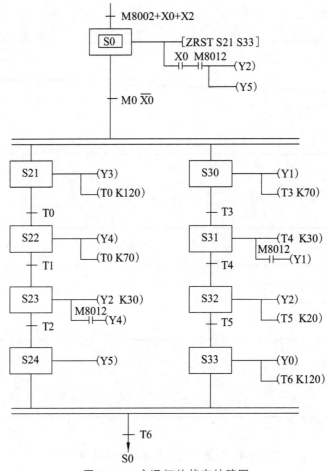

图 3-4-5　交通灯的状态转移图

五、运行调试

（1）按照图 3-4-3 的接线原理图，断电完成 PLC 外部 I/O 接线。

（2）启动三菱编程软件，首先输入交通灯基本逻辑梯形图，如图 3-4-4 所示。

（3）接线无误后，设备上电传送 PLC 程序。

（4）运行 PLC，接通 PLC 输出负载的电源回路。

（5）打开编程软件监控界面，让转换开关 SA 置于 OFF，按下启动按钮 SB1，观察交通灯工作流程是否按图 3-4-2 所示时序图工作。

（6）将转换开关 SA 置于 ON 时，两个黄灯能否同时闪烁（周期为 100 ms）。

【任务评价】

检测项目	评分标准	分值	学生自评	小组评分	教师评分
电路连接	正确进行电路连接、工艺合理	20			
软件启动	正确启动编程软件	10			
程序输入	能熟练进行梯形图程序的输入	10			
程序编辑	会编辑修改梯形图程序；能进行程序转换、存盘、写入等操作	10			
启动运行	会启动运行操作	10			
运行调试	会调试程序,分析程序存在问题并熟练修改程序	20			
团队协作	小组协调、合作	10			
职业素养	安全规范操作、着装、工位清洁等	10			
总分		100			

【知识点】

一、定时器

在 FX$_{2N}$ 系列中,定时器相当于继电器控制系统中的通电延时定时器,即定时器线圈得电后开始延时,延时时间到后,常开触点闭合,常闭触点断开;当定时器线圈失电后,所有触点复位。它将 PLC 内的 1 ms、10 ms、100 ms 等时钟脉冲进行加法计数,时钟脉冲可定时的时间范围,即设定常数 K 的范围为 0.001 ~ 3 276.7 s。定时器的地址分配如表 3-4-3 所示,其中 T192 ~ T199 用于中断子程序;T250 ~ T255 为 100 ms 累积定时器,其中当前值是累计数。定时器线圈的驱动输入为 OFF 时,当前值被保留,作为累积操作使用。

定时器(见表 3-4-3)的应用程序主要有一般延时程序、长延时程序、顺序控制程序、脉冲信号程序。

表 3-4-3 定时器地址分配

名称	地址			
定时器 T	T0 ~ T199 200 点 , 100 ms 子程序用--------- T192 ~ T199	T200 ~ T245 46 点 , 10 ms	T246 ~ T249 4 点 , 1 ms 积算	T250 ~ T255 6 点 , 100 ms 积算

除了用定时器延时,还可以利用计数器延时或计数器和定时器的组合,获得更长时间的延时。这样就不必采用多个定时器,浪费编程资源。

二、计数器

PLC 内有很多计数器，每个计数器有一个设定值寄存器（一个或两个字长）、一个当前值寄存器（一个或两个字长），以及无限个触点（常开和常闭）。触点可以用无限多次。当计数器的当前值和设定值相等时，其触点动作。PLC 的计数器分内部信号计数器和高速计数器：内部信号计数器在执行扫描操作时对内部器件（如 X、Y、M、S、T 和 C）的信号进行计数，其接通时间和断开时间应比 PLC 的扫描周期稍长；而高速计数器是对外部输入的高速脉冲信号（从 X0 ~ X5 输入）进行计数，脉冲信号的周期可以小于扫描周期，高速计数器是以中断的方式工作。计数器的地址号如表 3-4-4 所示。

表 3-4-4　计数器

类别	16 位递加计数器		32 位双向计数器 （－2 147 483 648 ~ +2 147 483 647）	
计数器 C	普通型（1 ~ 32 767）	断电保持型	普通型	断电保持型
	C0 ~ C99 100 点	C100 ~ C199 100 点	C200 ~ C219 20 点	C220 ~ C234 15 点

【任务拓展】

将图 3-4-5 的交通灯状态转移图转换为梯形图，分析梯形图的工作原理，并上机完成交通灯自动控制步进梯形图的调试。

【知识测评】

1. 填空题

（1）FX$_{2N}$ 系列中 PLC 中，16 位内部计数器的计数值最大可设定为 ＿＿＿＿＿＿＿。

（2）＿＿＿＿＿＿是初始化脉冲，在＿＿＿＿＿＿时，在一个扫描周期内为 ON。当 PLC 处于 RUN 时，M8000 一直为＿＿＿＿＿＿。

（3）＿＿＿＿＿＿是构成状态转移图的重要软元件，它要与＿＿＿＿＿指令配合使用。

（4）FX$_{2N}$ 系列中 PLC 内有 100 ms 定时器 200 点（T0 ~ T199），时间设定值为＿＿＿。

（5）FX 系列 PLC 的状态继电器中，初始状态继电器为＿＿＿＿＿＿，通用状态继电器为＿＿＿＿＿＿。

2. 选择题

（1）FX$_{2N}$ 系列 PLC 中有（　　）个栈存储器。

   A. 11　　　　　　　B. 10　　　　　　　C. 8　　　　　　　D. 16

（2）计数器的计数线圈，必须设定常数 K，也可以指定（　　）为计数器的设定值。

A. 数据寄存器 D　　B. 状态继电器 S　　　C. 辅助继电器 M　　　D. 输出继电器 Y

（3）将累加器内的值压入栈中存储的指令是（　　　）。

A. SP　　　　　　　B. MPS　　　　　　　C. MPP　　　　　　　D. MRD

（4）定时器 200 点（T246～T249）为（　　　）定时器。

A. 1 ms 积算型　　B. 100 ms 积算型　　C. 非积算型　　　　D. 不确定

（5）FX$_{2N}$ 系列 PLC 内部定时器，哪个定时单位是不正确的？（　　　）

A. 0.1 s　　　　　　B. 0.01 s　　　　　　C. 0.0001 s　　　　D. 0.001 s

3. 按钮 X000 按下第一次电机正转，第二次按下正转停止，第三次按下电机反转，第四次按下反转停止。画出满足上述条件的梯形图。

4. 如图 3-4-6 所示，根据控制要求，编制三种液体自动混合的控制程序，并运行调试程序。三种液体自动混合控制要求如下：

（1）初始状态：容器是空的，YV1、YV2、YV3、YV4 均为 OFF，SL1、SL2、SL3 为 OFF，搅拌机 M 为 OFF。

（2）启动操作。按下启动按钮，开始下列操作：

① YV1 = YV2 = ON，液体 A 和 B 同进入容器，当到达 SL2 时，SL2 = ON，使 YV1 = YV2 = OFF，YV3 = ON，即关闭 YV1、YV2 阀门，打开液体 C 的阀门 YV3。

② 当液体到达 SL1 时，YV3 = OFF，M=ON，即关闭阀门 YV3，电动机 M 起动开始搅拌。

③ 经 10 s 搅拌均匀后，M = OFF，停止搅拌。

④ 停止搅拌后放出混合液体，YV4=ON，当液面降到 SL3 后，再经 5 s 停止放出，YV4=OFF。

（3）停止操作。按下停止按钮，处理完当前混合操作后，才停止工作。

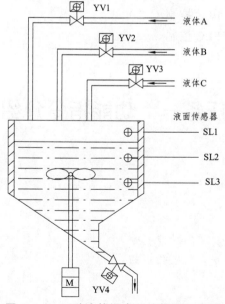

图 3-4-6　三种液体混合系统控制示意图

项目四　功能指令及其应用

【项目描述】

　　前面已经学习了基本逻辑指令和步进顺控指令，这些指令主要用于逻辑处理。作为工业控制用的计算机，仅有基本逻辑指令和步进顺控指令是不够的，现代工业控制在很多场合需要对数据进行整合和应用。因此，在该项目中主要学习功能指令（Functional Instruction），也称应用指令。功能指令主要用于数据的运算、转换等控制功能。许多功能指令有很强大的功能，往往一条指令就可以实现几十条基本逻辑指令才可以实现的功能，还有很多功能指令具有基本逻辑指令难以实现的功能。有了这些应用指令，PLC 的使用价值和使用范围也更为广泛。

　　下面通过四个任务的分析讲解与实施，使学生对功能指令的表示形式、指令类型、名称、符号及功能有一定的认识与了解，并能简单应用常见的几种功能指令进行程序的设计与调试。

　　任务一：功能指令介绍。
　　任务二：天塔之光的 PLC 控制（二）。
　　任务三：自动交通灯的 PLC 控制（二）。
　　任务四：自动售货机的 PLC 控制。

任务一　功能指令介绍

【任务目标】

1. 能力目标

（1）能够熟练查阅并识别常用功能指令。
（2）能够分析常用功能指令的工作原理。

2. 知识目标

（1）掌握功能指令的表示形式、指令类型等。
（2）掌握常用功能指令的格式、名称、符号及功能。

3. 素质目标

（1）具有较强的与人沟通和交流的能力。

（2）具有较好的学习新知识、新技能及解决问题的能力。

【任务描述】

本书以 FX$_{2N}$ 型 PLC 为主介绍功能指令的用法，目前 FX$_{2N}$ 系列 PLC 的功能指令已经达到 128 种。一般来说可分为程序流向控制指令、数据传送和比较指令、算术与逻辑运算指令、移位和循环指令、数据处理指令、方便指令及外部 I/O 处理和通信指令等，如表 4-1-1 所示。在这里只介绍程序流程指令、传送比较指令、算术运算指令与循环移位指令中的部分常用指令。

表 4-1-1　功能指令分类表

FNC00—FNC09（程序流程）	FNC110—FNC119（浮点运算 1）
FNC10—FNC19（传送与比较）	FNC120—FNC129（浮点运算 2）
FNC20—FNC29（算术与逻辑运算）	FNC130—FNC139（浮点运算 3）
FNC30—FNC39（循环与移位）	FNC140—FNC149（数据处理 2）
FNC40—FNC49（数据处理）	FNC150—FNC159（定位）
FNC50—FNC59（高速处理）	FNC160—FNC169（时钟运算）
FNC60—FNC69（方便指令）	FNC170—FNC179（格雷码变换）
FNC70—FNC79（外围设备 I/O）	FNC220—FNC249（触点比较）
FNC80—FNC89（外围设备 SER）	

【知识点】

一、功能指令的基本规则

（一）功能指令的表示形式

功能指令都遵循一定的规则，其通常的表现形式也是一致的。一般功能指令都按功能标号（FNC00—FNC□□□）编排，每个功能指令都有一个指令助记符。有的功能指令只需指令助记符，但更多的功能指令在指定助记符的同时还需要指定操作元件，其表现形式如表 4-1-2 所示。功能指令由指令助记符、功能号、操作数等组成。在简易编程器中，输入功能指令时以功能号输入功能指令；在编程软件中，输入功能指令时以指令助记符输入功能指令。

表 4-1-2　功能指令的表现形式

指令名称	助记符	指令代码（功能号）	操作数			程序步
			S	D	n	
平均值指令	MEAV	FNC45	KnX、KnY、KnS、KnM、T、C、D	KnX、KnY、KnS、KnM、T、C、D、V、Z	K、H n：1～64	MEAV MEAN（P）...7 步

1. 助记符和功能号

由表 4-1-2 可见，助记符 MEAN（求平均值）的功能号为 FNC45，每一个助记符表示一种功能指令，每一指令都有对应的功能号。

2. 操作数（或称操作元件）

有些功能指令只需助记符，无操作数；但大多数功能指令在助记符之后还必须有 1~5 个操作元件。它的组成部分有：

（1）[S]：叫作源操作数，其内容随指令执行而变化，若具有变址功能，加 "." 符号，即用[S.]表示，源操作数为多个时，用[S1.]、[S2.]等表示。

（2）[D]：叫作目标操作数，其内容随指令执行而变化，若具有变址功能，加 "." 符号，即用[D.]表示，目标操作数为多个时，用[D1.]、[D2.]等表示。

（3）[n]：叫作其他操作数，即不作为源操作数，也不作为目标操作数，常用来表示常数或者作为源操作数或目标操作数的补充说明，可用[n1]、[n2]等表示，若具有变址功能，加 "." 符号，即用[n.]表示。此外，其他操作数也可用[m]或[m.]来表示。

（4）K、H 为常数，K 表示十进制数，H 表示十六进制数。功能指令的功能号和指令助记符占 1 个程序步，每个操作数占 2 个或 4 个程序步（16 位操作时占 2 个程序步，32 位操作时占 4 个程序步）。

（二）数据长度和指令类型

1. 数据长度

功能指令可处理 16 位数据和 32 位数据，如图 4-1-1 所示。

图 4-1-1

指令助记符前加 "D" 的，表示处理 32 位数据，当 X2 接通后，将 D11 和 D10 的数送到

D13 和 D12 中。而不加 "D" 的，只处理 16 位数据，当 X1 接通后，将 D0 中数据送到 D2 中。处理 32 位数据时，用元件号相邻的两个元件组成元件对，元件对的首地址用奇数、偶数均可，但是建议统一用偶数编号，以免在编程时弄错。

2. 指令类型

功能指令有连续执行型和脉冲执行型两种形式，如图 4-1-2 所示。助记符后没有加 "P" 的表示连续执行，当执行条件 XI 为 ON 时，每个扫描周期都要执行一次。在指令的助记符后加 "P" 表示是脉冲执行型的，在 X2 从 OFF→ON 变化时，该指令执行一次。有的指令常用脉冲执行方式，如 INC、DEC、NEG 等。（P）和（D）可同时使用，如 DMOVP 表示 32 位数据的脉冲执行方式。

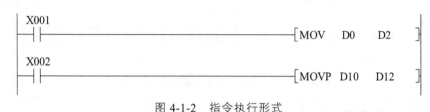

图 4-1-2　指令执行形式

（三）操作数

操作数按功能分为源操作数、目标操作数和其他操作数；按组成形式分有位元件、字元件和常数。

1. 位元件和字元件

只处理 ON/OFF 状态的元件，称为位软元件，如 X、Y、M、S 等。处理数字数据的元件，称为字软元件，如 T、C、D、V、Z 等。

2. 位元件组合

位元件组合就是由 4 个位元件作为一个基本单元进行组合，表现形式为 KnX□、KnM□、KnS□、KnY□。其中 n 表示组数，16 位操作数时，n 值为 1~4，32 位操作数时，n 值为 1~8；其中 M□、S□、Y□ 表示位元件的首地址。例如，K1X0，表示 X3~X0 的 4 位，X0 为最低位。K4M10 表示 M25~M10 的 16 位组合，M10 为最低。K8M100 表示 M131~M100 组成的 32 位组合，M100 为最低位。被组合的首元件号是任意的，但习惯采用以 0 结尾的元件，如 X0、Y10、M100 等。

不同长度的字软元件之间的数据传送，应根据数据长度的不同，按如下规律处理（见图 4-1-3）。

字软元件→字节软元件的数据传送：长数据的高位不传送（32 位数据传送一样）。

字节软元件→字软元件的数据传送：长数据的高位全部变零。对于 BCD、BIN 转换，算术运算、逻辑运算的数据也以这种方式传送。

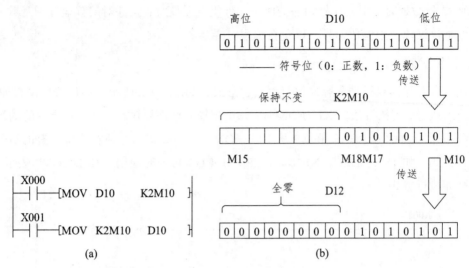

图 4-1-3 指令梯形图与数据传送过程

（四）变址寄存器 V、Z

变址寄存器在传送、比较指令中用于修改操作对象的元件号，其操作方式与普通数据寄存器一样。V和Z是16位数据寄存器。将V、Z组合可进行32位运算，此时V为高位，Z为低位，组合的结果是：（V0、Z0）、（V1、Z1）、（V2、Z2）、…、（V7、Z7）。在图4-1-4中，当V0=8、Z0=14时，D5V0→D10Z0就是D13→D24。利用变址寄存器可修改的软元件有X、Y、M、S、P、T、C、D、K、H、KnX、KnY、KnS。但不能修改V、Z本身。利用V、Z变址寄存器可以使编程得到简化。

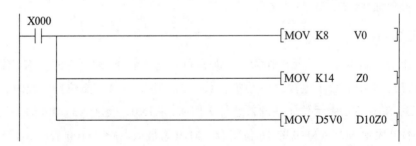

图 4-1-4 变址寄存器的使用说明

二、程序流向控制指令

程序流向控制指令用来改变程序的执行顺序，包括程序的条件跳转、中断、调用子程序、循环等指令。程序流程指令表如表4-1-3所示。

表 4-1-3 程序流程指令

功能号	指令助记符	指令 指令名称	功能号	指令助记符	指令 指令名称
FNC00	CJ	条件跳转	FNC05	DI	禁止中断
FNC01	CALL	子程序调用	FNC06	FEND	主程序结束
FNC02	SRET	子程序返回	FNC07	WDT	警戒时钟
FNC03	IRET	中断返回	FNC08	FOR	循环范围开始
FNC04	EI	允许中断	FNC09	NEXT	循环范围结束

这里仅介绍常用的条件跳转指令 CJ、子程序调用指令 CALL、子程序返回指令 SRET、主程序结束指令 FEND、循环开始指令 FOR、循环结束指令 NEXT。

（一）条件跳转指令

条件跳转指令的助记符、指令代码、操作数及程序步如表 4-1-4 所示。

表 4-1-4 条件跳转指令

指令名称	助记符	指令代码	操作数 D	程序步
条件跳转指令	CJ	FNC00	P0—P127	3 步

指令梯形图如图 4-1-5 所示。

图 4-1-5 跳转指令梯形图

指令说明：

（1）当 CJ 指令的驱动输入 X0 为 ON 时，程序跳转到 CJ 指令指定的指针 P 同一编号的标号处。如果 X0 为 OFF 时，则跳转不起作用，程序按从上到下、从左到右的顺序执行。

（2）当 X0 为 ON 时，CJ 命令到跳转标号之间的程序不予执行。在跳转过程中，如果 Y、M、S 被 OUT、SET、RST 指令驱动，则跳转期间即使输入发生变化，则仍保持跳转前的状态。例如，通过 X1 驱动输出 Y10 后发生跳转，在跳转过程中即使 X0 变为 ON，但输出 Y10 仍有效。由于线圈Y0在标号P10后面，所以不受CJ指令的影响。

（3）对于 T、C，如果跳转时定时器或计数器正发生动作，则此时立即中断计数或停止计时（在跳转期间即使控制触点断开，定时器也不复位），直到跳转结束后继续进行计时或计数。但是，正在动作的定时器 T192～T199（专用于子程序）、积算型定时器 T246～T255 与高速计数器 C235～C255，不管有无跳转仍旧继续工作。

（4）功能指令在跳转时不执行，但PLSY、PLSR、PWM指令除外。

（二）子程序调用指令 CALL 与子程序返回指令 SRET

程序调用与返回指令的助记符、指令代码、操作数及程序步如表4-1-5所示。

表 4-1-5　程序调用和程序返回指令

指令名称	助记符	指令代码	操作数 D	程序步
（16位指令） 子程序调用指令	CALL	FNCO1	指针 P0-P62 嵌套 5 级	3 步
子程序返回指令	SRET	FNCO2	无	1 步

指令梯形图如图4-1-6所示。

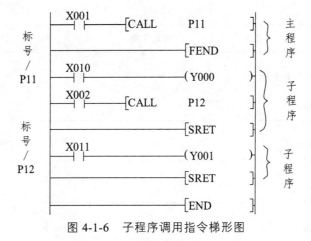

图 4-1-6　子程序调用指令梯形图

指令说明：

（1）一些常用的或多次使用的程序以子程序写出。当X1为ON时，CALL指令使主程序跳到标号P11处执行子程序。子程序结束，执行SRET指令后返回主程序。

（2）子程序应写在主程序结束指令FEND之后。

（3）调用子程序可嵌套，嵌套最多可达5级。

（4）CALL的操作数和CJ的操作数不能为同一的标号，但不同嵌套的CALL指令可调用同一标号的子程序。

（5）在子程序中规定使用的定时器为T192～T199和T246 ～T249。

（三）主程序结束指令 FEND

主程序结束指令的助记符、指令代码、操作数及程序步如表4-1-6所示。

表 4-1-6　主程序结束指令

指令名称	助记符	指令代码	操作数 D	程序步
主程序结束指令	FEND	FNC06	无	1 步

指令梯形图如图4-1-7所示。

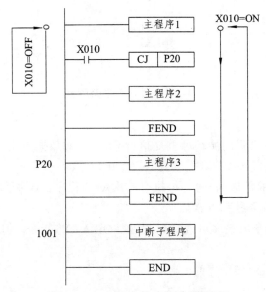

图 4-1-7　主程序结束指令梯形图

指令说明：

（1）FEND指令表示一个主程序的结束，执行这条指令与执行END指令一样，即执行输入处理、输出处理、警戒时钟刷新后，程序返回到第0步。

（2）使用多次FEND指令时，子程序或中断子程序应写在最后的FEND指令与END 指令之间，而且必须以SRET或IRET结束。

（3）在执行FOR指令之后、NEXT指令之前，执行FEND指令的程序会出现错误。

（四）循环开始指令 FOR 和循环结束指令 NEXT

循环开始指令和循环结束指令如表4-1-7所示。

表 4-1-7　循环开始和循环结束指令

指令名称	助记符	指令代码	操作数 S	程序步
循环开始指令	FOR	FNC08	K、H、KnY、KnM、KnS、T、C、D、V、Z	3 步（嵌套 5 层）
循环结束指令	NEXT	FNC09	无	1 步

指令梯形图如图4-1-8所示。

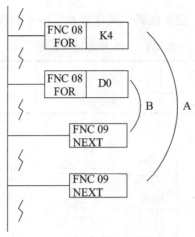

图 4-1-8　循环指令梯形图

指令说明：

（1）FOR-NEXT指令之间的循环可重复执行n次（由源数据指定次数）。但执行完后，程序就转到紧跟在 NEXT指令后的步序。n为1～32 767有效。

（2）图4-1-8中，D0的数据为5时，每执行一次A 的程序，B的程序就执行5次，由A要执行4次，那么B的程序总共要执行20次。

（3）在FOR-NEXT指令内最多可嵌套5层其他FOR-NEXT指令。但下列的任一种情况都会导致出错。

① NEXT指令写在FOR指令之前。

② 缺少NEXT指令。

③ NEXT指令写在FEND、END指令之后。

④ NEXT指令与FOR指令数H不一致。

三、比较和传送指令

传送指令及比较指令包括数据比较、传送、交换和变换指令，共有10条，指令代码为FNC10-FNC19。这部分指令是属于基本的应用指令，使用非常普及。比较与传送指令如表4-1-8所示。

表 4-1-8　比较与传送指令

功能号	指令助记符	指令名称	功能号	指令助记符	指令 指令名称
FNC10	CMP	比较指令	FNC15	BMOV	块传送
FNC11	ZCP	区间比较	FNC16	FMOV	多点传送
FNC12	MOV	传送	FNC17	XCH	数据交换
FNC13	SMOV	移位传送	FNC18	BCD	BCD 交换
FNC14	CML	取反传送	FNC19	BIN	BIN 交换

这里仅介绍比较指令CMP、区间比较指令ZCP、传送指令MOV这3条常用指令。

（一）比较指令 CMP

数据比较指令包括比较指令、区间比较指令。这部分指令是属于基本的应用指令，使用非常普及。

比较指令的助记符、指令代码、操作数及程序步如表4-1-9所示。

表 4-1-9　比较指令

指令名称	助记符	指令代码	操作数			程序步
			S1	S2	D	
比较指令	CMP	FNC10	K、H KnX、KnY、KnM、KnS、 T、C、D、V、Z		Y、M、S	CMP、CMPP…7 步 DCMP、DCMPP… 13 步

指令梯形图如图4-1-9所示。

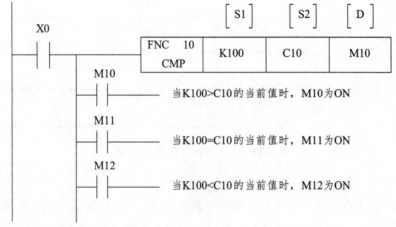

图 4-1-9　比较指令梯形图

指令说明：

（1）该指令的两个源操作数S1、S2是字元件，一个目标操作数D是位元件。前面两个源操作数进行比较，有 3 种结果，通过目标操作数的 3 个连号的位元件表达出来，表达方式如图4-1-9所示。

（2）所有的源操作数均按二进制数进行处理。

（3）目标操作数若指定为M10，则M10、M11、M12这 3 个连号的位元件被自动占用。该指令执行时，这 3 个位元中有且只有一个会置ON。在X0断开即使不执行CMP指令时，M10～M12也保持X0断开前的状态。

（4）要清除比较的结果时，采用复位指令。

（二）区间比较指令 ZCP

区间比较指令的助记符、指令代码、操作数及程序步如表4-1-10所示。

表 4-1-10　区间比较指令

指令名称	助记符	指令代码	操作数				程序步
			S1	S2	S3	D	
区间比较指令	ZCP	FNC11	K、H KnX、KnY、KnM、KnS、T C、D、V、Z			Y、M、S	ZCP、ZCPP…9 步 DZCP、DZCPP…17 步

指令梯形图如图 4-1-10 所示。

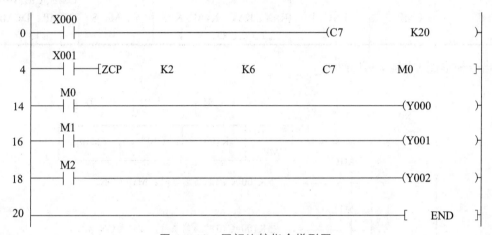

图 4-1-10　区间比较指令梯形图

指令说明：

（1）区间比较指令有 4 个操作数，前两个操作数 S1、S2 把数轴分成 3 个区间，S3 在这3 个区间中进行比较，分别有 3 种情况，结果通过第 4 个操作数的 3 个连号的位元件表达出来。如图 4-1-10 所示，当 C7<K2 时，M0 为 ON，Y000 线圈得电；当 K2≤C7≤K6 时，M1为 ON，Y001 线圈得电；当 C7>K6 时，M2 为 ON，Y002 线圈得电。当 X001 为 OFF 时，不执行 ZCP 指令，但 M0、M1、M2 的状态保持不变。

（2）第 1 个操作数 S1 要小于第 2 个操作数 S2。

（3）区间比较不会改变源操作数的内容。

（4）区间比较后的结果具有记忆功能。

（5）要清除比较的结果时，采用复位指令。

（三）传送指令

传送指令属于基本的应用指令，包括 MOV 传送指令、SMOV 移位传送指令、CML 取反传送指令、FMOV 多点传送指令、块传送指令等，其中，重点介绍 MOV 传送指令。

传送指令的助记符、指令代码、操作数及程序步如表 4-1-11 所示。

表 4-1-11 传送指令表

指令名称	助记符	指令代码	操作数		程序步
			S	D	
传送指令	MOV	FNC12	K、H KnX、KnY、KnM、 KnS、T、C、D、V、 Z	KnY、KnM、KnS、 T、C、D、V、Z	MOV、MOVP …5 步 DMOV、DMOVP …9 步

传送指令梯形图如图4-1-11所示。

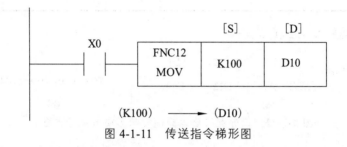

图 4-1-11 传送指令梯形图

指令说明：

（1）传送指令是将数据按原样传送的指令，当 X0 为 ON 时，常数 K100 被传送到 D10；如果 X0 为 OFF 时，目标元件中的数据保持不变。

（2）传送时源数据中的常数 K100 自动转化为二进制数。

四、算术与逻辑运算指令

这部分指令主要是包括四则运算和逻辑运算指令，共有 10 条，指令代码为 FNC20~FNC29，是属于比较常用的指令。另外 FX$_{2N}$ 的 PLC 除具有二进制的算术运算指令外，还具有浮点运算的专用指令。算术与逻辑运算指令如表 4-1-12 所示。

表 4-1-12 算术与逻辑运算指令

功能号	指令助记符	指令指令名称	功能号	指令助记符	指令指令名称
FNC20	ADD	BIN 加法	FNC25	DEC	BIN 减 1
FNC21	SUB	BIN 减法	FNC26	WAND	逻辑字与
FNC22	MUL	BIN 乘法	FNC27	WOR	逻辑字或
FNC23	DIV	BIN 除法	FNC28	WXOR	逻辑字与或
FNC24	INC	BIN 加 1	FNC29	NEG	求补码

在这里只介绍二进制加法运算、减法运算、加1、减1等常用的4个指令。

（一）二进制加法运算指令 ADD

二进制加法运算指令的助记符、指令代码、操作数及程序步如表 4-1-13 所示。

表 4-1-13　加法指令

指令名称	助记符	指令代码	操作数		程序步
			S	D	
二进制加法运算指令	ADD	FNC20	K、H KnX、KnY、KnM、KnS、T、C、D、V、Z	KnY、KnM、KnS、T、C、D、V、Z	16 位：7 步 32 位：13 步

指令梯形图如图 4-1-12 所示。

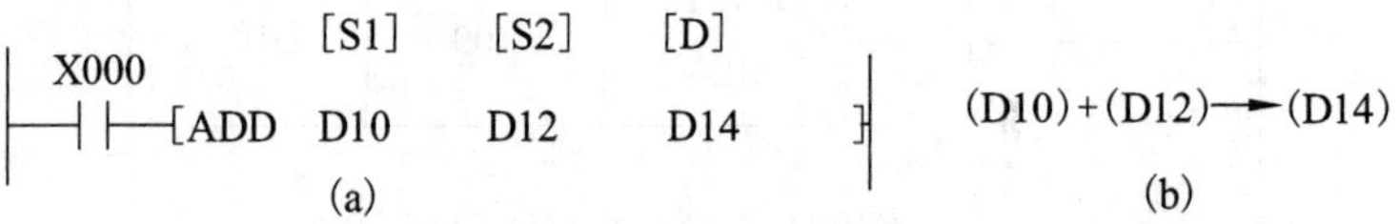

图 4-1-12　二进制加法运算指令梯形图与执行过程

指令说明：

（1）将两个源操作数相加的结果存放到目标操作数[D]中；源操作数可正、可负，结果为它们的代数和。执行过程如图 4-1-12 所示。

（2）当运算结果为 0 时，0 标志 M8020 动作；运算结果大于 +32 768（16 位）或 + 2 147 483 648（32 位）时，进位标志 M8022 动作。当运算结果小于 – 32768（16 位运算）或 – 2 147 483 647（32 位运算）时，借位标志 M8021 动作。

（3）做 32 位加法运算时，每个操作数是用两个连号的数据寄存器组成，如图 4-1-13 所示。为确保地址不会重复，建议将指定软元件定为偶数地址号。

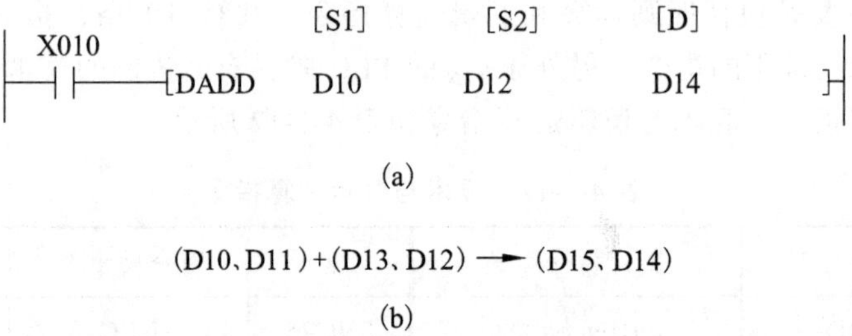

图 4-1-13　32 位加法运算指令梯形图与执行过程

（4）当一个源操作数和目标操作数为同一软元件时，建议采用脉冲执行型指令；否则每个扫描周期都需要执行一次，很难预知结果。如图 4-1-14 所示，当 X10 每接通一次，D10 中的数据加 1。

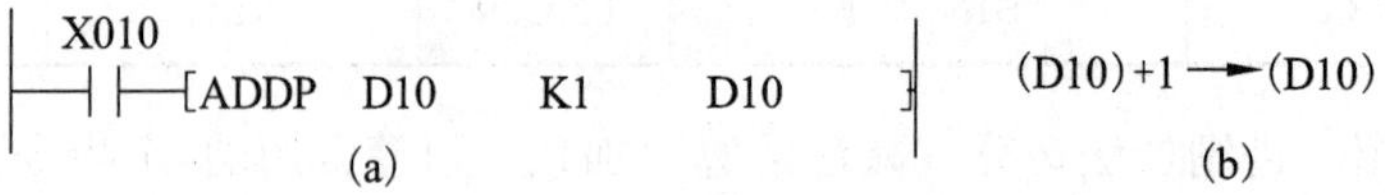

图 4-1-14　累加程序梯形图与执行过程

（二）二进制减法运算指令

二进制减法运算指令的助记符、指令代码、操作数及程序步如表 4-1-14 所示。

表 4-1-14　减法指令

指令名称	助记符	指令代码	操作数		程序步
			S	D	
二进制减法运算指令	SUB	FNC21	K、H KnX、KnY、KnM、 KnS、T、C、D、V、 Z	KnY、KnM、KnS、 T、C、D、V、Z	16 位：7 步 32 位：13 步

指令梯形图如图 4-1-15 所示。

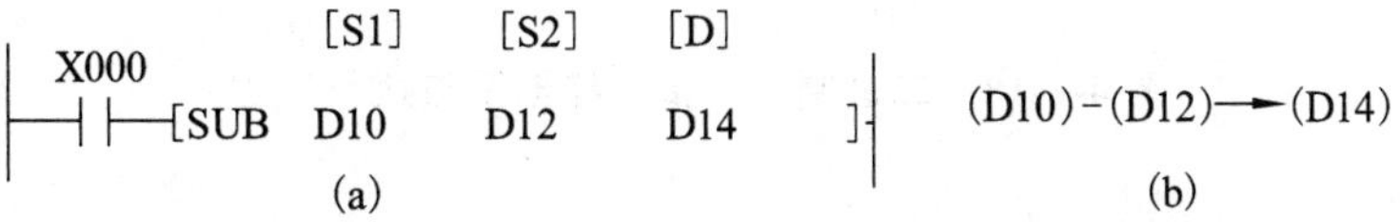

```
          [S1]      [S2]     [D]
  X000
 ─┤├──[SUB  D10      D12     D14   ]┤      (D10)-(D12)──→(D14)
          (a)                                    (b)
```

图 4-1-15　二进制减法运算指令梯形图与执行过程

指令说明：

（1）将两个源操作数相减的结果存放到目标操作数[D]中；源操作数可正、可负，结果为它们的代数之差，如 5 -（- 8）= 13。执行过程如图 4-1-15 所示。

（2）当运算结果为 0 时，0 标志 M8020 动作；运算结果大于 +32 767（16 位）或 +2 147 483 648（32 位）时，进位标志 M8022 动作。

（3）做 32 位运算时，每个操作数是用两个连号的数据寄存器组成，如图 4-1-16 所示。为确保地址不重复，建议将指定软元件定为偶数地址号。

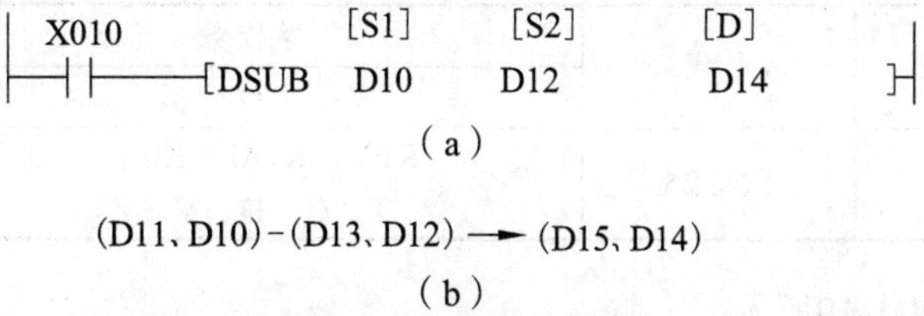

```
          [S1]      [S2]      [D]
  X010
 ─┤├──[DSUB  D10     D12      D14   ]┤
              (a)

    (D11、D10)-(D13、D12)──→(D15、D14)
              (b)
```

图 4-1-16　32 位减法运算指令梯形图与执行过程

（4）当一个源操作数和目标操作数为同一软元件时，建议采用脉冲执行型指令；否则每个扫描周期都需要执行一次，很难预知结果。如图 4-1-17 所示，当 X10 每接通一次，D10 中的数据减 1。

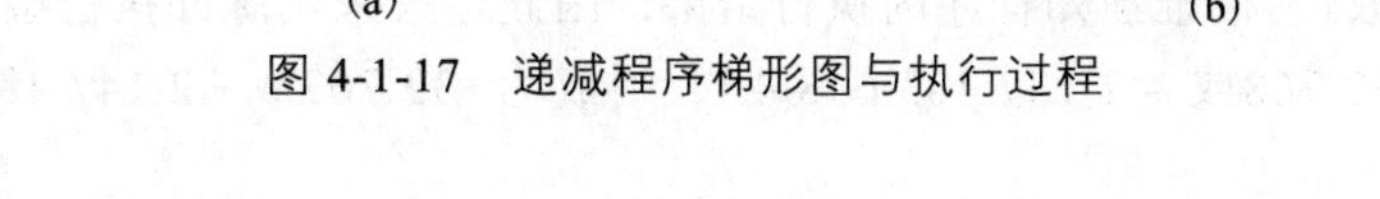

```
  X010
 ─┤├──[SUB   D10     K1      D10   ]┤      (D10)-1──→(D10)
           (a)                                 (b)
```

图 4-1-17　递减程序梯形图与执行过程

（三）二进制加 1 指令 INC

二进制加1指令的助记符、指令代码、操作数及程序步如表4-1-15所示。

表 4-1-15　二进制加 1 指令

指令名称	助记符	指令代码	操作数 D	程序步
二进制加 1 指令	INC	FNC24	KnY、KnM、KnS、T、C、D、V、Z	16 位：3 步 32 位：5 步

指令梯形图如图 4-1-18 所示。

(a)　　　　　　　　　　　　(b)

图 4-1-18　二进制加 1 指令梯形图与执行过程

指令说明：

（1）当X0接通一次，D10中的内容加1，如图4-1-18所示。如采用连续执行型指令，则每个扫描周期都加1，很难预知程序的执行结果，因此建议采用脉冲执行型指令。

（2）在16位运算中，若对+32 767加1，则成为 – 32 768，但标志位不动作。在32位运算时，若给+2 147 483 647加1，则成为 – 2 147 483 648，标志位不动作。

（四）二进制减 1 指令 DEC

二进制加1指令的助记符、指令代码、操作数及程序步如表4-1-16所示。

表 4-1-16　二进制减 1 指令

指令名称	助记符	指令代码	操作数 D	程序步
二进制减 1 指令	DEC	FNC25	KnY、KnM、KnS、T、C、D、V、Z	16 位：3 步 32 位：5 步

指令梯形图如图4-1-19所示。

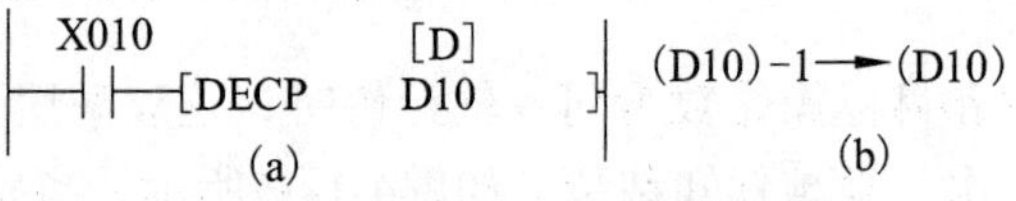

```
    X010        [D]
  ——| |——[DECP    D10    ]    (D10)-1——(D10)
        (a)                          (b)
```

图 4-1-19　二进制减 1 指令梯形图与执行过程

指令说明：

（1）当X10接通一次，D10中的内容减1（见图4-1-19）。如采用连续执行型指令，则每个扫描周期都需要减1，很难预知程序的执行结果，因此建议采用脉冲执行型指令。

（2）若对 – 32 768或 – 2 147 483 648减1，则成为+32 767或+ 2 147 483 647，标志位不动作。

五、循环与移位指令

这部分指令共有 10 条，指令代码为 FNC30 ~ FNC39，包括：循环右位指令、循环左位指令、带进位循环右位指令、带进位循环左位指令、位右移指令、位左移指令、字右移指令、字左移指令、先入后出写入指令、先入先出读出指令，如表 4-1-17 所示。其中，在该项目任务二（天塔之光的 PLC 控制）中将重点介绍右循环移位指令、左循环移位指令。

表 4-1-17　循环与移位指令

功能号	指令助记符	指令 指令名称	功能号	指令助记符	指令 指令名称
FNC30	ROR	右循环移位	FNC35	SFTL	位左移
FNC31	ROL	左循环移位	FNC36	WSFR	字右移
FNC32	RCR	带进位右循环移位	FNC37	WSFL	字左移
FNC33	RCL	带进位右循环移位	FNC38	SFWR	移位写入
FNC34	SFTR	位右移	FNC39	SFRD	移位读出

【知识测评】

1. 填空题

（1）比较指令的指令助记符是＿＿＿＿＿＿，区间比较指令的指令助记符是＿＿＿＿＿＿＿。

（2）在比较指令和区间比较指令中，要清除比较的结果时，采用指令＿＿＿＿＿＿＿。

（3）功能指令由＿＿＿＿＿＿、＿＿＿＿＿＿、＿＿＿＿＿ 等组成。

（5）指令执行形式有脉冲执行型和连续执行型，在指令的助记符后加"P"表示＿＿＿＿而在助记符后没有加"P"的表示＿＿＿＿。

（6）K2Y1 表示：＿＿＿＿＿＿＿＿＿＿；K4M10 表示：＿＿＿＿＿＿＿＿＿＿ 。

2. 选择题

（1）下列助记符表示加法指令的是（　　　　）。

    A. SUB   B. ADD   C. DIV   D. MUL

（2）下列助记符表示减法指令的是（　　　　）。

    A. SUB   B. ADD   C. DIV   D. MUL

（3）下列助记符表示乘法指令的是（　　　　）。

    A. SUB   B. ADD   C. DIV   D. MUL

（4）下列助记符表示除法指令的是（　　　　）。

    A. SUB   B. ADD   C. DIV   D. MUL

（5）下列助记符表示加 1 指令的是（　　　　）。

    A. SUB   B. ADD   C. INC   D. DEC

（6）下列助记符表示减 1 指令的是（　　　　）。

    A. SUB   B. ADD   C. INC   D. DEC

（7）FX 系列数据寄存器可分为（　　　　）类。

    A. 2   B. 3   C. 4   D. 5

3. 问答题

（1）什么是功能指令？有什么用途？

（2）CJ指令和CALL指令有什么区别？

（3）MOV指令能不能向T、C的当前值寄存器传送数据？

（4）功能指令中的连续执行和脉冲执行方式有何不同？

（5）功能指令助记符前面加字母"D"表示什么意思？

任务二　天塔之光的 PLC 控制（二）

【任务目标】

1. 能力目标

（1）能够根据控制要求利用功能指令实现天塔之光的程序设计。

（2）能够熟练完成 PLC 应用设计的操作流程。

（3）能够熟练完成天塔之光的 PLC 外部 I/O 接线及程序的调试。

2. 知识目标

（1）掌握传送指令的应用。

（2）掌握循环位移指令的应用。

3. 素质目标

（1）培养学生爱岗敬业、团结合作的精神。

（2）养成安全、文明生产的良好习惯。

【工作任务】

一、控制要求

本次任务是在用基本指令完成天塔之光控制的基础上，介绍如何用应用功能指令来完成天塔之光的控制。

（一）甲任务

有 8 盏彩灯（L1 ~ L8），如图 4-2-1 所示，控制要求如下：

（1）打开开关 SA，灯 L1 先亮。

（2）2 s 后灯 L1 熄灭，灯 L2、L3、L4 亮。

（3）2 s 后灯 L2、L3、L4 熄灭，灯 L5、L6、L7、L8 亮。

（4）2 s 后灯 L5、L6、L7、L8 熄灭，灯 L1 亮，依次循环。

（5）断开开关 SA，所有灯熄灭。

（二）乙任务

有 8 盏彩灯（L1～L8），如图 4-2-1 所示，控制要求如下：

（1）接通开关 SA，灯 L1 亮。

（2）同时，灯 L2、L3、L4 每隔 2 s 依次点亮其中一盏，循环进行。

（3）同时，灯 L8、L7、L6、L5 每隔 2 s 依次点亮其中一盏，循环进行。

（4）断开开关 SA，所有灯熄灭。

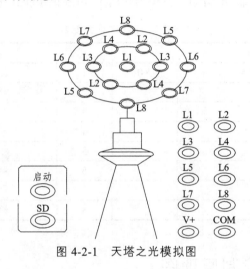

图 4-2-1 天塔之光模拟图

二、任务分析

彩灯的设计方法很多，之前应用基本指令中的定时器实现控制，也可以应用功能指令中的传送指令、移位指令等指令实现控制。甲任务中，先设计一个 2 s 接通、2 s 断开的周期性振荡电路，然后应用 MOV 指令完成数据的传送，使彩灯点亮。乙任务中，由于彩灯是依次点亮的，所以采用移位指令实现对彩灯的控制。

【任务实施】

一、任务材料表

通过查找电器元件选型表，确定本任务选择的元器件如表 4-2-1 所示。

表 4-2-1 设备材料表

序号	名称	型号、规格	数量	单位	备注
1	可编程序控制器	FX$_{2N}$-48 MR	1	台	
2	开关	LA39-11	1	个	
3	彩灯	AD16-22C/R	8	个	

二、确定 I/O 总点数及地址分配

两组任务中的控制电路都是开关 SA 和彩灯 L1 ~ L8。本项目的控制中，输入点数应选 1×1.2 ≈ 2 点；输出点数应选 $8 \times 1.2 \approx 10$ 点（继电器输出）。通过查找三菱 FX$_{2N}$ 系列选型表，选定三菱 FX$_{2N}$-48 MR（输入 24 点，输出 24 点，继电器输出）。PLC 的 I/O 分配地址如表所示。

表 4-2-2 I/O 地址分配表

	输入信号			输出信号	
1	开关 SA	X0	1	彩灯 L1	Y0
			2	彩灯 L2	Y1
			3	彩灯 L3	Y2
			4	彩灯 L4	Y3
			5	彩灯 L5	Y4
			6	彩灯 L6	Y5
			7	彩灯 L7	Y6
			8	彩灯 L8	Y7

三、I/O 接线控制原理图

根据 I/O 地址分配，天塔之光 PLC 接线原理图如图 4-2-2 所示。

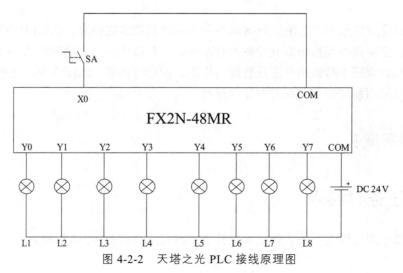

图 4-2-2 天塔之光 PLC 接线原理图

四、程序设计

（一）甲任务

打开开关 SA，X0 闭合，同时将十进制数 1 传送至 Y0~Y7，使得彩灯 L1 点亮，之后 T0、T1、T2 分别以 2 s 间隔依次得电。T0 导通时将十进制数 14 传送至 Y0~Y7，使得彩灯 L2、L3、L4 点亮。T1 导通时将十进制数 240 传送至 Y0~Y7 使得彩灯 L5、L6、L7、L8 点亮。T2 得电后复位 T0~T2，周期性地实现彩灯的交替点亮控制。断开 SA，所有线圈和定时器失电。梯形图如图 4-2-3 所示。

图 4-2-3　天塔之光甲任务梯形图程序

程序说明：

（1）当 X0 为 ON 时，十进制数据 K1 自动转换为二进制数（00000001）被传送到 Y0~Y7 中。2 s 后，十进制数据 K14 自动转换为二进制数（00001110）被传送到 Y0~Y7 中。2 s 后，十进制数据 K240 自动转换位二进制数（11110000）被传送到 Y0~Y7 中。

（2）当 X0 为 OFF 时，数据不转移，保持不变。

（3）采用连续执行型指令时，每个扫描周期都需要执行一次，因此建议采用脉冲执行型指令。

（二）乙任务

打开开关 SA，X0 接通，Y0 得电，同时将十进制数 1 传送到 M1~M4 中，使得每次扫描灯只点亮一盏灯。当第一盏灯 L2（M1 得电输出 Y1）点亮时，M0 线圈得电，由于灯是以从左到右的顺序依次点亮的，所以采用循环左移，每次间隔 2 s，用定时器 T0、T1 来设计 2 s 间隔闪烁电路，当灯 L4（M3 得电输出 Y3）亮时，重新写入数据，并复位 M0 和定时器 T0、T1，循环执行。

当 X0 闭合的同时，将十进制数 8 传送到 Y4～Y7 中，使得每次扫描只点亮一盏灯。当第一盏灯 L8（Y7）点亮时，M5 线圈得电，由于灯是以从右到左的顺序依次点亮的，所以采用循环右移，每次间隔 2 s，用定时器 T2、T3 来设计 2 s 间隔闪烁电路，当灯 L5（Y4）亮时，重新写入数据，并复位 M1 和定时器 T2、T3，循环执行。梯形图如图 4-2-4 所示。

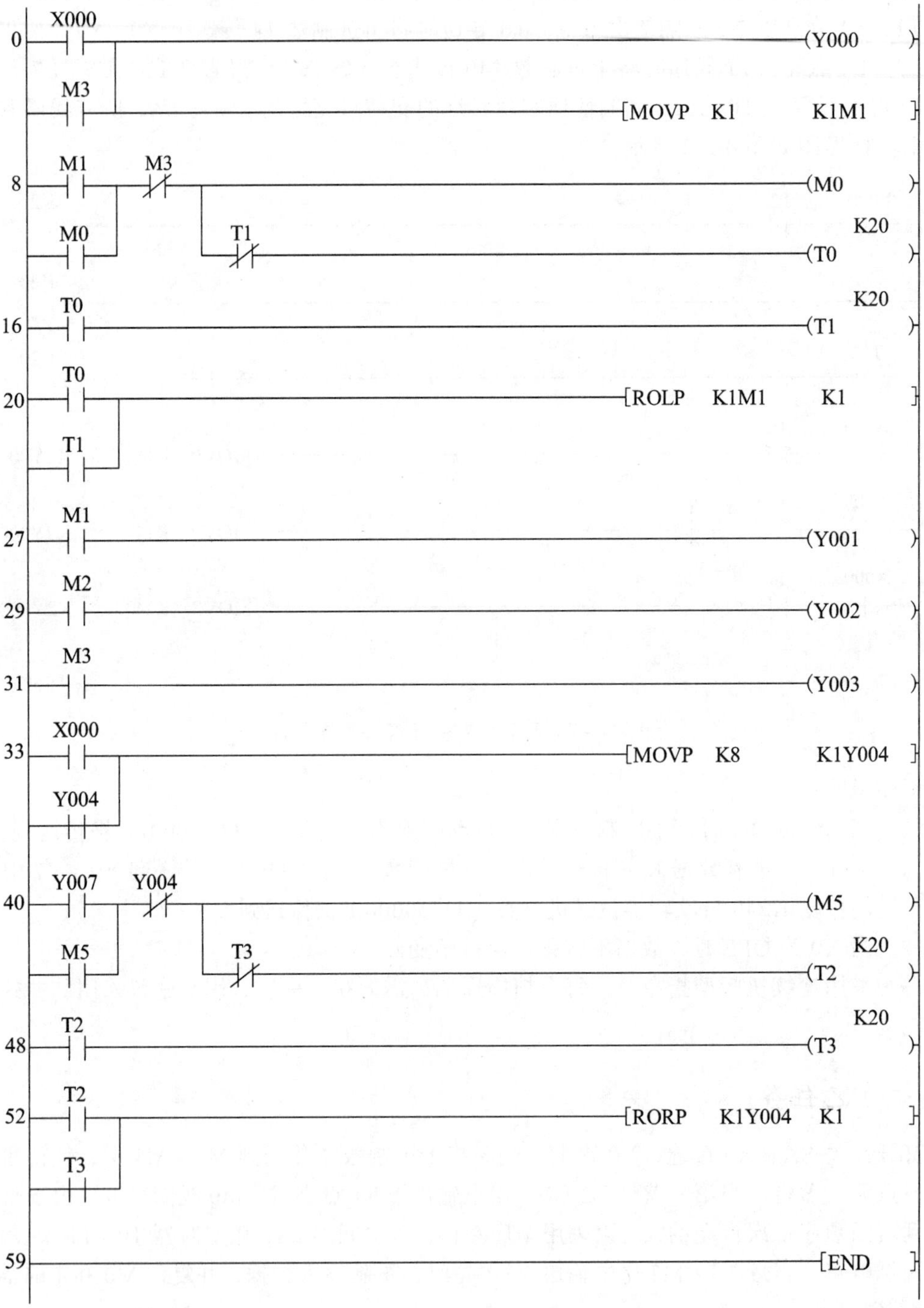

图 4-2-4 天塔之光乙任务梯形图程序

程序说明：

（1）当 M0 接通时，目标数 K1 M1 中的数向左移动一位，从低位向高位移动，即从 M1（Y1）移至 M3（Y3）。

（2）当 M5 接通时，目标数 K1Y4 中的数向右移动一位，从高位向低位移动，即从 Y7 移至 Y4。

（3）采用连续执行型指令时，每个扫描周期都需要执行一次（移动 1 位），因此建议采用脉冲执行型指令。

五、运行调试

（1）按照图 4-2-2 所示的接线原理图，断电完成 PLC 外部 I/O 接线。

（2）接线无误后，设备上电传送 PLC 程序。

（3）运行 PLC，接通 PLC 输出负载的电源回路。

（4）打开编程软件监控界面，合上开关 SA，观察天塔之光工作流程是否满足其控制要求。

【任务评价】

检测项目	评分标准	分值	学生自评	小组评分	教师评分
电路连接	正确进行电路连接、工艺合理	20			
软件启动	正确启动编程软件	10			
程序输入	能熟练进行梯形图程序的输入	10			
程序编辑	会编辑修改梯形图程序；能进行程序转换、存盘、写入等操作	10			
启动运行	会启动运行操作	10			
运行调试	会调试程序,分析程序存在问题并熟练修改程序	20			
团队协作	小组协调、合作	10			
职业素养	安全规范操作、着装、工位清洁等	10			
总分		100			

【知识点】

一、传送指令

使用说明见项目四（任务一）。

二、循环移位指令

这部分指令共有 10 条，指令代码为 FNC30 ~ FNC39，包括：循环右位指令、循环左位指令、带进位循环右位指令、带进位循环左位指令、位右移指令、位左移指令、字右移指令、字左移指令、先入后出写入指令、先入先出读出指令。在此重点介绍循环右位指令、循环左位指令。

（一）循环右移指令

循环右移指令的助记符、指令代码、操作数及程序如表 4-2-3 所示。

表 4-2-3　循环右移指令

指令名称	助记符	指令代码	操作数		程序步
			D	n	
循环右移指令	ROR	FNC30	K、H KnY、KnM、KnS、 T、C、D、V、Z	K、H 移位量 n≤16（16 位指令） n≤32（32 位指令）	ROR、RORP…5 步 DROR、DRORP…9 步

指令梯形图如图 4-2-5 所示。

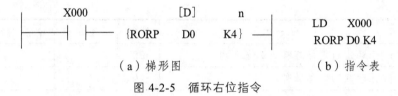

（a）梯形图　　　　　　　　（b）指令表

图 4-2-5　循环右位指令

指令说明：

（1）当X0接通一次，目标数D0中的数向右移动4位，即从高位移向低位，从低位移出而进高位，而且最后移出的1位（图4-2-6中所示带"*"号的位）进入进位标记M8022和最高位。

（2）在连续执行型指令中，每个扫描周期都要执行一次（右移4位），因此建议用脉冲执行型指令。

（3）采用组合位元件作目标操作数时，位元件的个数必须是16个或32个，否则该指令不能执行。

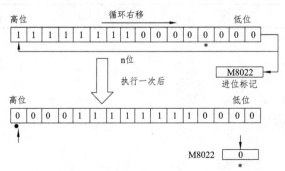

图 4-2-6　循环右移指令执行过程

（二）循环左移指令

该指令的助记符、指令代码、操作数及程序步如表 4-2-4 所示。

表 4-2-4 区循环左移指令

指令名称	助记符	指令代码	操作数		程序步
			D	n	
循环左移指令	ROL	FNC31	K、H KnY、KnM、KnS、 T、C、D、V、Z	K、H 移位量 n≤16（16位指令） n≤32（32位指令）	ROL、ROLP…5 步 DROL、DROLP…9 步

指令梯形图如图 4-2-7 所示。

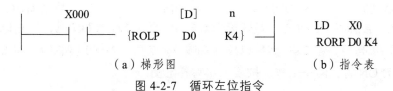

（a）梯形图　　　　　　　　（b）指令表

图 4-2-7 循环左位指令

指令说明：

当 X0 接通一次，目标数 D0 中的数向左移动 4 位，即从低位移向高位，高位溢出进入低位，移动的方向和右移位指令 ROR 相反。其他特性一致，在此不再重复。

【任务拓展】

有 16 盏彩灯，接在 PLC 的 Y0 ~ Y17，合上开关 SA，要求彩灯开始从 Y0 至 Y17 每隔 1 s 依此点亮一盏灯，当彩灯亮至 Y17 时，又从 Y17 至 Y0 依此点亮（点亮间隔时间为 1 s），循环进行。断开 SA，所有彩灯均熄灭。请编写梯形图。

【知识测评】

1. 填空题

（1）MOV 指令_____（能或不能）向 T、C 的当前寄存器传送数据。

（2）指令 ROR、ROL 通常使用脉冲执行操作，即在指令后加字母"P"；若连续执行，则循环移位操作每个周期都执行_____次。

（3）凡是有前缀显示符"D"的功能指令，就能处理_____位数据。

（4）ROLP D0 K3 表示：_____；

　　　ROR D0 K5 表示：_____。

（5）移位指令包括：循环右位指令、_____、带进位循环右位指令、_____、位右移指令、位左移指令、_____、字左移指令、先入后出写入指令和_____。

2. 选择题

（1）FX 系列 PLC 中，16 位的数值传送指令是 （　　　）。

　　　A. DMOV　　　　　B. MOV　　　　　C. MEAN　　　　　　　D. RS

（2）FX 系列 PLC 中，32 位的数值传送指令是 （　　　）。

　　　A. DMOV　　　　　B. MOV　　　　　C. MEAN　　　　　　　D. RS

（3）FX 系列 PLC 中，位右移指令应用是 （　　　）。

　　　A. DADD　　　　　B. DDIV　　　　　C. SFTR　　　　　　　D. SFTL

（4）FX 系列 PLC 中，位左移指令应用是 （　　　）。

　　　A. DADD　　　　　B. DDIV　　　　　C. SFTR　　　　　　　D. SFTL

（5）FX 系列 PLC 中，32 位除法指令应用是 （　　　）。

　　　A. DADD　　　　　B. DDIV　　　　　C. DIV　　　　　　　D. DMUL

3. 某灯光广告牌有 L1～L8 八盏灯接于 K2Y0，要求 X0 为 ON 时，灯光以正序每隔 1 s 轮流点亮，当 Y7 亮后，停 2 s；然后以反序每隔 1 s 点亮，当 Y0 再亮后，停 2 s，重复以上过程。当 X1 为 ON 时，停止工作。按要求编写梯形图。

任务三　自动交通灯的 PLC 控制 （二）

【任务目标】

1. 能力目标

（1）能够熟练使用和操作 PLC 实训设备和编程软件。

（2）能够熟练运用常用 PLC 功能指令编写交通灯控制程序。

（3）能够根据控制要求设计 PLC 外部 I/O 接线原理图。

（4）能够熟练完成该任务的调试过程。

2. 知识目标

（1）掌握触点比较指令、ALT、区间复位指令 ZRST 的简单应用。

（2）掌握功能指令编程的基本思路和方法。

3. 素质目标

（1）具有较强的计划组织能力和团队协作能力。

（2）具有较强的与人沟通和交流的能力。

（3）具有较好的学习新知识、新技能及解决问题的能力。

【 工作任务 】

一、控制要求

设计一个用 PLC 控制的十字路口交通灯的控制系统，其控制要求如下：

（1）自动运行：当转换开关 SA 置于 OFF 时，交通灯处于自动运行模式，按一下启动按钮，信号灯系统按图 4-3-1 所示要求开始工作（绿灯闪烁的周期为 1 s）。按一下停止按钮，所有信号灯熄灭，交通灯停止工作。

（2）手动运行：当转换开关 SA 置于 ON 时，交通灯处于手动运行模式，此时两方向的黄灯同时闪烁，周期是 1 s。

图 4-3-1 交通灯自动运行的动作要求

二、任务分析

通过对图 4-3-1 交通灯的控制要求进行分析，其自动运行的时序图如图 4-3-2 所示。

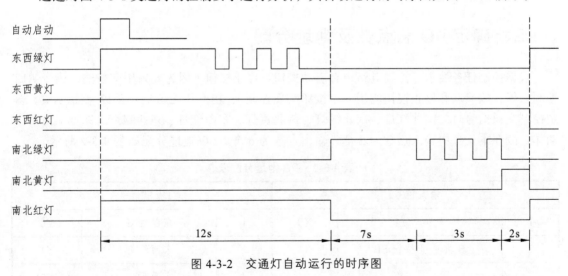

图 4-3-2 交通灯自动运行的时序图

从图 4-3-2 中可以看出，当转换开关置于 OFF 时，进入自动运行模式，按下启动按钮后，东西向：东西绿灯点亮 7 s，7 s 后东西绿灯闪烁 3 s（周期为 1 s），3 s 后东西黄灯点亮 2 s，此期间南北红灯一直处于点亮状态（点亮时间为 12 s），12 s 后进入下半个周期的控制。南北向：南北绿灯点亮 7 s，7 s 后南北绿灯闪烁 3 s（周期为 1 s），3 s 后南北黄灯点亮 2 s，此期间东西红灯一直处于点亮状态。按下停止按钮，交通灯均熄灭工作。

在项目三第四个任务中，介绍了用基本逻辑指令编程、步进顺控指令编程两种控制方法。在此将介绍用功能指令实现对交通灯的控制。

【任务实施】

一、任务材料表

通过查找电器元件选型表，确定本任务选择的元器件如表 4-3-1 所示。

表 4-3-1　设备材料表

序号	名称	型号、规格	数量	单位	备注
1	PLC 模块	FX$_{2N}$-48 MR	1	台	
2	按钮模块 SB	YL157	2	个	
3	转换开关 SA	NP2-BJ21	1	个	
4	指示灯红色 HL	DC24V 指示灯	4	个	
5	指示灯绿色 HL	DC24V 指示灯	4	个	
6	指示灯黄色 HL	DC24V 指示灯	4	个	

二、确定 I/O 总点数及地址分配

根据控制任务要求，控制电路中有启动按钮、停止按钮（因为要采用交替输出指令 ALT 控制启停，故启动和停止按钮均用一个按钮实现控制）、转换开关 SA，有 12 盏指示灯，分别控制交通信号灯的南北红灯、南北绿灯、南北黄灯、东西红灯、东西绿灯、东西黄灯 6 个动作。故在本任务中输入点数为 2 个，输出点数为 6 个。I/O 地址分配如表 4-3-2 所示。

表 4-3-2　I/O 地址分配表

	输入信号			输出信号	
1	转换开关	X0	1	东西红灯	Y0
2	启动/停止按钮 SB	X1	2	东西绿灯	Y1
			3	东西黄灯	Y2
			4	南北红灯	Y4
			5	南北绿灯	Y5
			6	南北黄灯	Y6

三、I/O 接线控制原理图

根据 I/O 地址分配，交通灯控制 PLC 接线原理图如图 4-3-3 所示。

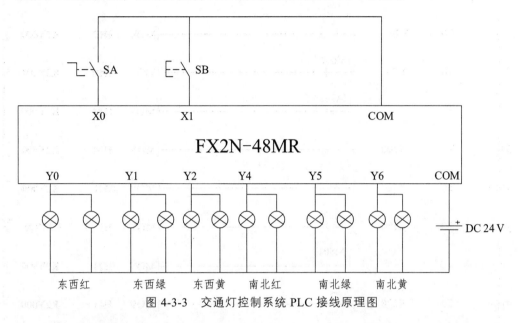

图 4-3-3　交通灯控制系统 PLC 接线原理图

四、程序设计

根据系统的控制要求及 I/O 分配，其梯形图如图 4-3-4 所示。

在程序图 4-3-4 中，T0 的定时时间 24 s 为交通灯工作一个周期的总时间，通过触点比较指令按时间分段进行比较。

当 SA 置于 OFF 时，系统处于自动运行模式，PLC 一上电运行就自动复位线圈 Y0～Y7，按下按钮 SB，通过交替输出指令让 M0 为 ON，定时器 T0 开始定时，当定时器 T0 的定时当前值小于等于 7 s 时，通过传送指令点亮南北红灯 Y4 和东西绿灯 Y1；当定时器 T0 的定时当前值大于 7 s 时，通过传送指令点亮南北红灯 Y4，并通过 M8013 让东西绿灯 Y1 闪烁（周期为 1 s）；当定时器 T0 的定时当前值大于 10 s 时，通过传送指令点亮南北红灯 Y4 和东西黄灯 Y2；当定时器 T0 的定时当前值大于 12 s 时，通过传送指令点亮东西红灯 Y0 和南北绿灯 Y5；当定时器 T0 的定时当前值大于 19 s 时，通过传送指令点亮东西红灯 Y0，并通过 M8013 让南北绿灯 Y5 闪烁（周期为 1 s）；当定时器 T0 的定时当前值大于 22 s 时，通过传送指令点亮东西红灯 Y0 和东南北黄灯 Y6；当定时时间达到 24 s 时，T0 常闭触点断开定时器复位，交通灯又开始循环工作。再按一次按钮 SB，M0 失电，定时器 T0 失电，同时通过区间复位指令复位线圈 Y0～Y7，交通灯停止工作。

当 SA 置于 ON 时，系统处于手动运行模式，X0 常开触点闭合，通过传送指令驱动线圈南北黄灯和东西黄灯工作，两个灯在 M8013 的控制下实现同时闪烁（周期为 1 s）。

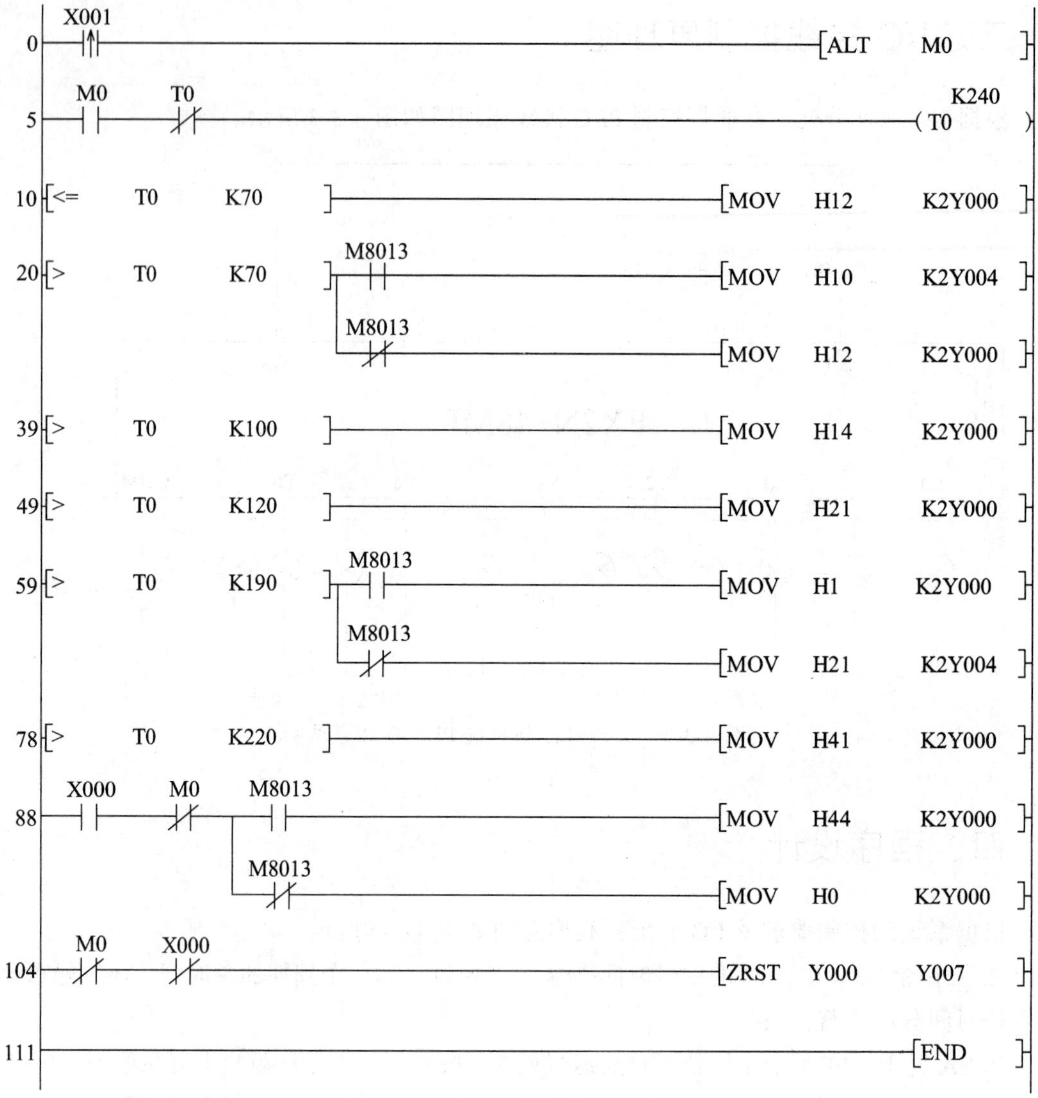

图 4-3-4　交通灯程序

五、运行调试

（1）按照图 4-3-3 的接线原理图，断电完成 PLC 外部 I/O 接线。

（2）启动三菱编程软件，首先输入梯形图程序，如图 4-3-4 所示。

（3）接线无误后，设备上电传送 PLC 程序。

（4）运行 PLC，接通 PLC 输出负载的电源回路。

（5）打开编程软件监控界面，让转换开关 SA 置于 OFF，按下启动按钮 SB1，观察交通灯工作流程是否按图 4-3-2 所示时序图工作。

（6）将转换开关 SA 置于 ON 时，两个黄灯能否同时闪烁（周期为 1 s）。

（7）通过调试，和项目三（任务四）进行比较，总结三种编程方法的优缺点。

【任务评价】

检测项目	评分标准	分值	学生自评	小组评分	教师评分
电路连接	正确进行电路连接、工艺合理	20			
软件启动	正确启动编程软件	10			
程序输入	能熟练进行梯形图程序的输入	10			
程序编辑	会编辑修改梯形图程序；能进行程序转换、存盘、写入等操作	10			
启动运行	会启动运行操作	10			
运行调试	会调试程序，分析程序存在问题并熟练修改程序	20			
团队协作	小组协调、合作	10			
职业素养	安全规范操作、着装、工位清洁等	10			
总分		100			

【知识点】

一、区间复位指令 ZRST

区间复位指令 ZRST 的指令代码为 FNC40，其功能是将[D1.]、[D2.]指定的元件号复位内的同类元件成批复位，目标操作数可取 T、C、D、Y、M、S。[D1.]、[D2.]指定的元件应为同类元件，[D1.]的元件号应小于[D2.]的元件号。若[D1.]的元件号大于[D2.]的元件号，则只有[D1.]指定的元件被复位。

例如：ZRST Y000 Y007 这条指令的用法就是把 Y000、Y001、Y002、Y003、Y004、Y005、Y006、Y007 的 8 个输出全部复位，ZRST 指令是连续复位指令。

二、交替输出指令 ALT

ALT 指令是现实交替输出的指令，该指令只有目标元件，其使用说明如表 4-3-3 所示。

表 4-3-3　ATL 指令

指令名称	助记符	指令代码	操作数	程序步
			D	
交替输出指令	ALT	FNC66	X、Y、M、S	3 步

指令梯形图如图 4-3-5 所示。

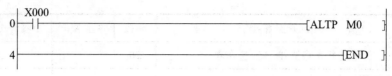

图 4-3-5　交替输出指令梯形图

在图 4-3-5 中，当 X0 从 OFF 变为 ON 时，M0 的状态就改变 1 次。若为连续执行的指令，则 M0 的状态在每个扫描周期改变一次，输出的实际上是和扫描周期同步的高频脉冲，频率为扫描周期的 1/2。因此，在使用连续执行的指令时应特别注意。建议尽量使用脉冲执行指令。

三、触点比较指令

触点比较指令由 LD、AND、OR 与关系运算符组合而成，是通过对 2 个数值的关系运算来实现触点闭合和断开的指令，总共有 18 个，如表 4-3-4 所示。

表 4-3-4　触点比较指令

功能号	指令记号	导通条件	功能号	指令记号	导通条件
FNC224	LD=	S1=S2 时，启始触点导通	FNC236	AND<>	S1≠S2 时，串联触点导通
FNC225	LD>	S1>S2 时，启始触点导通	FNC237	AND<=	S1≤S2 时，串联触点导通
FNC226	LD<	S1<S2 时，启始触点导通	FNC238	AND>=	S1≥S2 时，串联触点导通
FNC228	LD<>	S1≠S2 时，启始触点导通	FNC240	OR=	S1=S2 时，并联触点导通
FNC229	LD<=	S1≤S2 时，启始触点导通	FNC241	OR>	S1>S2 时，并联触点导通
FNC230	LD>=	S1≥S2 时，启始触点导通	FNC242	OR<	S1<S2 时，并联触点导通
FNC232	AND=	S1=S2 时，串联触点导通	FNC244	OR<>	S1≠S2 时，并联触点导通
FNC233	AND>	S1>S2 时，串联触点导通	FNC245	OR<=	S1≤S2 时，并联触点导通
FNC234	AND<	S1<S2 时，串联触点导通	FNC246	OR>=	S1≥S2 时，并联触点导通

（一）触点比较指令 LD□

LD□触点比较指令的助记符、指令代码、操作数及程序步如表 4-3-5 所示。

表 4-3-5　触点比较指令 LD□

指令名称	助记符	指令代码	操作数		程序步
			S1	S2	
触点比较指令 LD□	LD=、LD>、LD<、LD<>、LD>=、LD<=	FNC224-230	K、H KnX、KnY、KnM、KnS、T、C、D、V、Z		16 位：5 步 32 位：9 步

LD□是连接到母线的触点比较指令，它又分为 LD=、LD>、LD<、LD<>、LD>=、LD<= 这 6 个指令，其编程示列如图 4-3-6 所示。

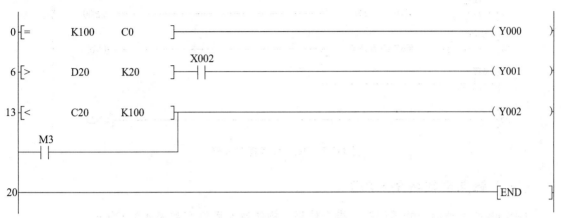

图 4-3-6 触点比较指令程序 1

从图 4-3-6 中可以看出，当计数器 C0 的当前值等于 K100 时，线圈 Y000 得电，当 D20 的内容大于 20 时，且 X002 为 ON 时，线圈 Y001 得电，当计数器 C20 的当前值小于看 K100 或 M3 为 ON 时，线圈 Y002 得电。

LD□触点比较指令的最高位为符号位（16 位操作时为 b15，32 位操作时为 b31），最高位为 1 则作为负数处理。其他的触点比较指令与此相同。

（二）触点比较指令 AND□

AND□触点比较指令的助记符、指令代码、操作数及程序步如表 4-3-6 所示。

表 4-3-6 区触点比较指令 AND□

指令名称	助记符	指令代码	操作数		程序步
			S1	S2	
触点比较指令 AND□	AND=、AND>、AND<、AND<>、AND>=、AND<=	FNC232-238	K、H KnX、KnY、KnM、KnS、 T、C、D、V、Z		16 位：5 步 32 位：9 步

AND□是比较触点作串联连接的指令，它又分为 AND=、AND>、AND<、AND<>、AND>=、AND<=这 6 个指令，其编程示列如图 4-3-7 所示。

从图 4-3-7 中可以看出，当 X001 为 ON 且 C20 的当前值等于 K100 时，线圈 Y000 得电；当 X2 为 OFF 且 D0 的值不等于 K10 时，线圈 Y001 得电；当 X003 为 ON 且 D11、D10 的内容小于 K678800，或 M2 为 ON 时，线圈 M2 得电。

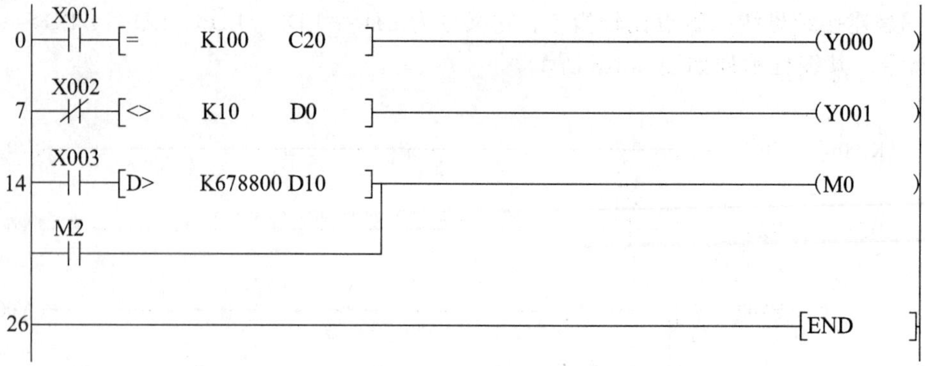

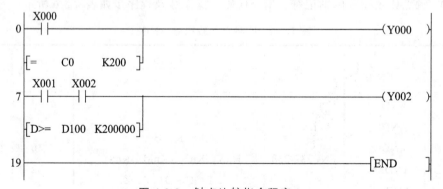

图 4-3-7　触点比较指令程序 2

（三）触点比较指令 OR□

OR□触点比较指令的助记符、指令代码、操作数及程序步如表 4-3-7 所示。

表 4-3-7　触点比较指令 OR□

指令名称	助记符	指令代码	操作数		程序步
			S1	S2	
触点比较指令 OR□	OR=、OR>、OR<、OR<>、OR>=、OR<=	FNC240-246	K、H KnX、KnY、KnM、KnS、 T、C、D、V、Z		16 位：5 步 32 位：9 步

OR□是比较触点作并联连接的指令，它又分为 OR=、OR>、OR<、OR<>、OR>=、OR<= 这 6 个指令，其编程示列如图 4-3-8 所示。

图 4-3-8　触点比较指令程序 3

从图 4-3-8 中可以看出，当 X000 为 ON，或 C0 当前值等于 K200 时，线圈 Y000 得电；当 X001 和 X002 同时为 ON，或 D101、D100 的值大于等于 K200000 时，线圈 Y002 得电。

三、传送指令 MOV

使用说明见项目四（任务一）。

【任务拓展】

一、控制要求

设计一个用 PLC 控制的十字路口交通灯控制系统，其控制要求如下：

（1）自动运行：当转换开关 SA 置于 OFF 时，交通灯处于自动运行模式，按下启动按钮，信号灯系统按图 4-3-9 所示要求开始工作（绿灯闪烁的周期为 100 ms）。按下停止按钮，所有信号灯熄灭，交通灯停止工作。

（2）手动运行：当转换开关 SA 置于 ON 时，交通灯处于手动运行模式，此时两个方向的黄灯同时闪烁，周期为 100 ms。

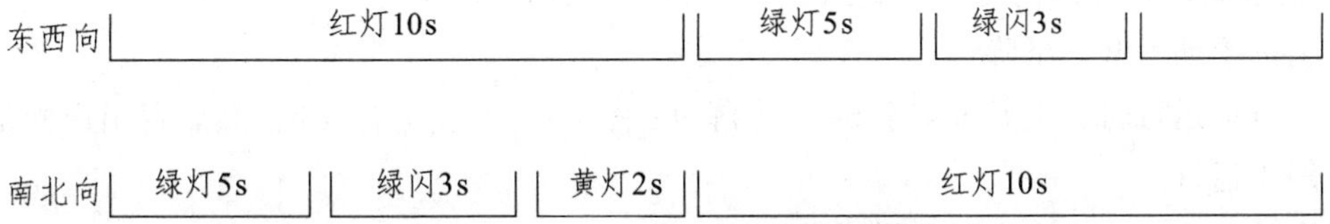

图 4-3-9 交通灯自动运行的时序图

二、任务要求

（1）画出交通灯自动运行时序图。

（2）列出 I/O 地址分配表。

（3）画出 I/O 接线原理图。

（4）设计 PLC 控制程序（分别用基本逻辑指令、步进顺控指令及功能指令编程）。

【知识测评】

1. 选择题

（1）FX2N 系列 PLC 功能指令的编号为（   ）。

    A. FNC0 ~ FNC100　　　　　　　　B. FNC1 ~ FNC100

    C. FNC0 ~ FNC99　　　　　　　　 D. FNC1 ~ FNC99

（2）一个字元件由（   ）个存储单元构成。

    A. 8　　　　　　B. 10　　　　　　C. 16　　　　　　D. 32

（3）FX2N 系列 PLC 功能指令中包含（   ）比较指令。

    A. 1　　　　　　B. 2　　　　　　C. 3　　　　　　D. 4

（4）一个双子元件由（   ）个存储单元构成。

    A. 8　　　　　　B. 10　　　　　　C. 16　　　　　　D. 32

（5）FX2N 系列 PLC 功能指令主要有连续执行方式和（   ）。

    A. 断续执行方式　　　　　　　　 B. 脉冲执行方式

    C. 双字节执行方式　　　　　　　 D. 单字节执行方式

2. 设计一个报警控制程序。输入信号 X000 为报警输入，当 X000 为 ON 时，报警信号灯 Y000 闪烁，闪烁频率为 ON（0.5 s），OFF（0.5 s）；报警蜂鸣器 Y001 有音响输出。报警响应 X001 为 ON 时，报警灯由闪烁变成长亮且停止音响。按下报警解除按钮 X002，报警灯熄灭。为测试报警灯和报警蜂鸣器的好坏，可用测试按钮 X003 随时测试。

3. 16 只四色节日彩灯按红、绿、黄、白……顺序循环布置，要求每 1 s 移动一个灯位。通过一个方式开关选择点亮方法：（1）每次只点亮 1 只灯泡；（2）每次顺序点亮 4 只灯泡。

按要求完成：

（1）列出 I/O 地址分配表。

（2）画出 I/O 接线原理图。

（3）设计 PLC 控制程序。

4. 电动葫芦升降机构的动负载试验，控制要求如下：

（1）可手动上升、下降。

（2）自动运行时，上升 9 s 停 6 s，下降 9 s 停 6 s，反复运行 1 h，然后发出声光报警信号，并停止运行。

试设计其 PLC I/O 接线图和梯形图程序。

任务四　自动售货机的 PLC 控制

【任务目标】

1. 能力目标

（1）能够熟练运用常用 PLC 功能指令编写自动售货机 PLC 控制程序。

（2）能够根据控制要求设计 PLC 外部 I/O 接线原理图。

（3）能够熟练完成该任务的调试过程。

2. 知识目标

（1）理解掌握 PLC 的功能指令：四则运算和逻辑运算。

（2）掌握功能指令编程的基本思路和方法。

3. 素质目标

（1）具有较强的计划组织能力和团队协作能力。

（2）具有较强的与人沟通和交流的能力。

（3）具有较好的学习新知识、新技能及解决问题的能力。

【工作任务】

一、控制要求

用 PLC 设计控制两种液体饮料的自动售货机（图 4-4-1 为自动售货机仿真图）。具体动作要求如下：

（1）此自动售货机可投 1 元、5 元或 10 元人民币。

（2）当投入的人民币总值等于或超 12 元时，汽水按钮指示灯亮；当投入的币总值超过 15 元时，汽水、咖啡按钮指示灯亮。

（3）当汽水按钮指示灯亮时，按汽水按钮，则汽水排出 6 s 后自动停止。汽水排出时，汽水指示灯闪烁。

（4）当咖啡按钮指示灯亮时，按咖啡按钮，则咖啡排出 6 s 后自动停止。咖啡排出时，咖啡指示灯闪烁。

（5）若投入的硬币总值超过所需钱数（汽水 12 元、咖啡 15 元）时，找钱指示灯亮。

（6）按下清除按钮后，若已投钱币，则清除当前操作且退币灯亮；若还未投入钱币，则等待下次购物要求。

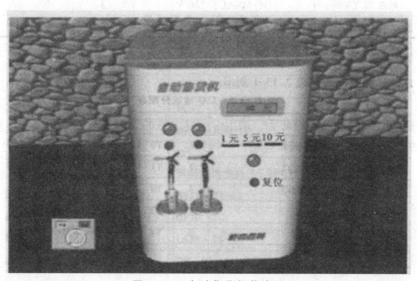

图 4-4-1 自动售货机仿真图

二、任务分析

从任务中，了解到自动售货机的控制要求和其外观结构。在自动售货机内部有两套液体控制装置和一套钱币识别装置。每套液体控制装置由液体储存罐和电磁阀门组成，液体罐中分别储存汽水和咖啡。电磁阀 A 通电时打开，汽水从储存罐中输出；电磁阀 B 通电时打开，咖啡从储存罐中输出。硬币识别装置由三个硬币检测传感器组成，分别识别 1 元、5 元和 10

元钱币，传感器输出的信号为开关量信号。相对应的指示灯有 HL1、HL2 和操作按钮，在这一系统中暂没有考虑退币及找零装置，只是采用指示灯 HL3 来表示其功能。

【任务实施】

一、任务材料表

通过查找电器元件选型表，确定本任务选择的元器件如表 4-4-1 所示。

表 4-4-1　设备材料表

序号	名称	型号、规格	数量	单位	备注
1	PLC 模块	FX$_{2N}$-48 MR	1	台	
2	空气断路器 QF	DZ47-D25/4P	1	个	
3	中间继电器 KA	JZ7-44 吸引线圈电压 AC 220 V	3	个	
4	检测传感器 SL	GF70	3	个	
5	按钮 SB	LA39-11	4	个	
6	电磁阀 YV	DF-50-AC：220 V	3	个	
7	指示灯 HL	DC24 V 指示灯	4	个	

二、主电路设计

由于电磁阀线圈的启动电流较大，采用中间继电器的触点控制，如图 4-4-2 所示。中间继电器 KA 的线圈与 PLC 的输出点连接，主电路采用了 2 个元件，可以确定主电路中需要 2 个输出点。

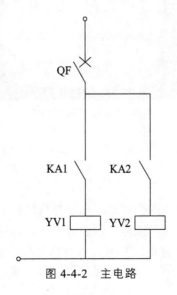

图 4-4-2　主电路

三、确定 I/O 总点数及地址分配

控制电路中有 1 个复位按钮 SB3,两个选择控制按钮 SB1 和 SB2,3 个检测传感器 SL1 ~ SL3,还有 3 个指示灯与 PLC 的输出点连接。这样整个系统总的输入点数为 6 个,输出点数为 5 个。PLC 的 I/O 分配的地址如表 4-4-2 所示。

表 4-4-2　I/O 地址分配表

	输入信号			输出信号	
1	1 元投币检测传感器 SL1	X1	1	咖啡输出控制中间继电器 KA1	Y0
2	5 元投币检测传感器 SL2	X2	2	汽水输出控制中间继电器 KA2	Y1
3	10 元投币检测传感器 SL3	X3	3	咖啡按钮指示灯 HL1	Y4
4	咖啡按钮 SB1	X4	4	汽水按钮指示灯 HL2	Y5
5	汽水按钮 SB2	X5	5	找钱指示灯 HL3	Y6
6	复位/清除操作按钮 SB3	X0			

四、I/O 接线控制原理图

根据 I/O 地址分配,自动售货机 PLC 接线原理图如图 4-4-3 所示。

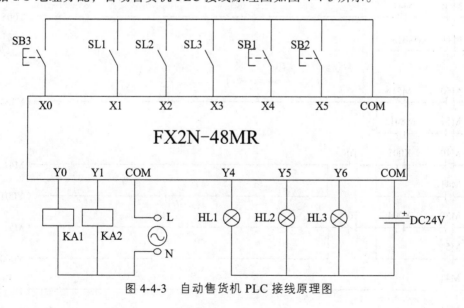

图 4-4-3　自动售货机 PLC 接线原理图

五、程序设计

根据系统的控制要求及 I/O 分配,其梯形图如图 4-4-4 所示。

```
        M8002
 0 ──┤├──────────────────────────────────[MOV   K0    D10  ]

        X001
 6 ──┤↑├──────────────────────────────────[ADD   D10   K1    D10  ]

        X002
15 ──┤↑├──────────────────────────────────[ADD   D10   K5    D10  ]

        X003
24 ──┤↑├──────────────────────────────────[ADD   D10   K10   D10  ]

        M8000
33 ──┤├──────────────────────────────────[CMP   D10   K12   M10  ]
                                          [CMP   D10   K15   M20  ]
                                          [CMP   D10   K0    M30  ]

        M10
55 ──┤├──────────────────────────────────────────────(M40  )
        M11
     ──┤├──

        M20
58 ──┤├──────────────────────────────────────────────(M50  )
        M21
     ──┤├──

        M40   M41
61 ──┤├───┤/├─────────────────────────────────────(Y005 )
        M41   M8013
     ──┤├───┤├──

        M50   M51
67 ──┤├───┤/├─────────────────────────────────────(Y004 )
        M51   M8013
     ──┤├───┤├──

        M40   X005   T0
73 ──┤├───┤├───┤/├────────────────────────────────(M41  )
        M41
     ──┤├──                                       (Y001 )

        M50   X004   T0
79 ──┤├───┤├───┤/├────────────────────────────────(M51  )
        M51
     ──┤├──                                       (Y000 )

        M41                                         K60
85 ──┤├──────────────────────────────────────────(T0   )
        M51
     ──┤├──

        M41
90 ──┤↑├──────────────────────────────────[SUB   D10   K12   D10  ]
```

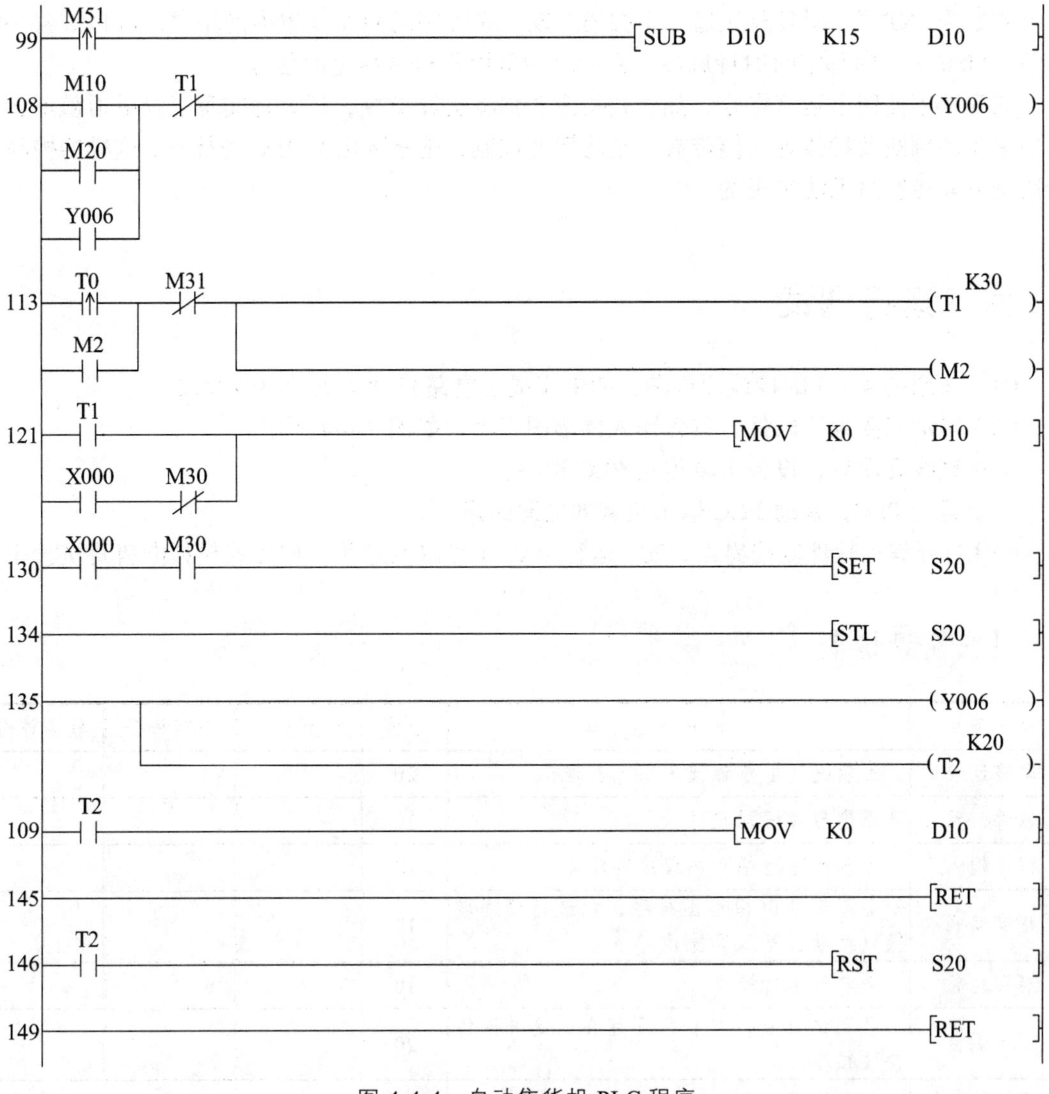

图 4-4-4　自动售货机 PLC 程序

图 4-4-4 的程序中，D10 存放的是售货机里面的钱币数，当 PLC 上电运行时，D10 首先通过传送指令进行清零处理。若 1 元检测传感器检测到投入 1 元钱时，X1 从 OFF→ON，此时通过加法指令对 D10 进行加 1 处理；若 5 元检测传感器检测到投入 5 元钱时，X2 从 OFF→ON，此时通过加法指令对 D10 进行加 5 处理；若 10 元检测传感器检测到投入 10 元钱时，X1 从 OFF→ON，此时通过加法指令对 D10 进行加 10 处理。之后通过比较指令对售货机当前的钱币数进行比较处理，例如：当 D10 当前值大于 12 元时，M10 为 ON；当 D10 当前值等于 12 元时，M11 为 ON；当 D10 当前值小于 12 元时，M12 为 ON。当 D10 当前值大于 15 元时，M20 为 ON；当 D10 当前值等于 15 元时，M21 为 ON；当 D10 当前值小于 15 元时，M22 为 ON。当 D10 当前值大于 0 元时，M30 为 ON；当 D10 当前值等于 0 元时，M31 为 ON。之后的控制程序将结合控制要求，合理应用各比较结果的标志位进行程序的设计。

该程序使用了特殊继电器 M8000、M8002 和 M8013。特殊继电器是 PLC 中十分有用的资源，学会使用它们不但可以节省大量的外部资源，有时还可以简化程序。特殊继电器 M8002

上电初始为"ON",而且只接通一个扫描周期。在程序的初始设置中使用它,可以节省一个开关。M8013 是内部定时时钟脉冲。在程序中常用作秒脉冲定时信号。

该程序还使用了运算指令,如比较指令和加减运算指令,巧妙地实现了投币币值累加,币值多少的判断及找钱等功能带有一定的智能控制,充分体现了 PLC 的优点,这样的控制用传统继电器控制是无法实现的。

六、运行调试

(1)按照图 4-4-3 的接线原理图,断电完成主电路和 PLC 外部 I/O 接线。

(2)启动三菱编程软件,首先输入梯形图程序,如图 4-4-4 所示。

(3)接线无误后,设备上电传送 PLC 程序。

(4)运行 PLC,接通 PLC 输出负载的电源回路。

(5)打开编程软件监控界面,观察运行结果。(可以通过手动的方式模拟向售货机投币。)

【任务评价】

检测项目	评分标准	分值	学生自评	小组评分	教师评分
电路连接	正确进行电路连接、工艺合理	20			
软件启动	正确启动编程软件	10			
程序输入	能熟练进行梯形图程序的输入	10			
程序编辑	会编辑修改梯形图程序;能进行程序转换、存盘、写入等操作	10			
启动运行	会启动运行操作	10			
运行调试	会调试程序,分析程序存在问题并熟练修改程序	20			
团队协作	小组协调、合作	10			
职业素养	安全规范操作、着装、工位清洁等	10			
总分		100			

【知识点】

一、特殊辅助继电器

PLC 内有大量的特殊辅助继电器,它们都有各自的特殊功能。FX$_{2N}$ 系列中 M8000 ~ M8255 有 256 个特殊辅助继电器,可分成触点型和线圈型两大类。

（一）触点型

其线圈由 PLC 自动驱动，用户只可使用其触点。例如：

M8000：运行监视器（在 PLC 运行中接通），M8001 与 M8000 逻辑相反。

M8002：初始脉冲（仅在运行开始时瞬间接通），M8003 与 M8002 逻辑相反。

M8011、M8012、M8013 和 M8014 分别是产生 10 ms、100 ms 、1 s 和 1 min 时钟脉冲的特殊辅助继电器。

（二）线圈型

由用户程序驱动线圈后 PLC 执行特定的动作。例如：

M8033：若使其线圈得电，则 PLC 停止时保持输出映象存储器和数据寄存器内容。

M8034：若使其线圈得电，则将 PLC 的输出全部禁止。

M8039：若使其线圈得电，则 PLC 按 D8039 中指定的扫描时间工作。

二、加法指令 ADD

使用说明见项目四（任务一）。

三、减法指令 SUB

使用说明见项目四（任务一）。

四、比较指令 CMP

使用说明见项目四（任务一）。

【任务拓展】

设备改造的控制要求：

（1）此自动售货机可投 1 元、5 元或 10 元钱币。

（2）当投入的钱币总值等于或超过 12 元时，汽水按钮指示灯亮。当投入的钱币总值超过 15 元时，汽水、咖啡按钮指示灯亮。当投入的币总值超过 18 元时，汽水、咖啡、牛奶按钮指示灯亮。

（3）当汽水按钮指示灯亮时，按汽水按钮，则汽水排出 6 s 后自动停止。汽水排出时，汽水指示灯闪烁。

（4）当咖啡按钮指示灯亮时，按咖啡按钮，则咖啡排出 6 s 后自动停止。咖啡排出时，咖啡指示灯闪烁。

（5）当牛奶按钮指示灯亮时，按牛奶按钮，则牛奶排出 6 s 后自动停止。牛奶排出时，牛奶指示灯闪烁。

（6）若投入的钱币总值超过所需钱数（汽水 12 元、咖啡 15 元、牛奶 18 元）时，找钱指示灯亮。

（7）按下清除按钮后，若已投钱币，则清除当前操作并且退币灯亮；若还未投入钱币，则等待下次购物要求。

【知识测评】

1. 选择题

（1）CMP 指令的特点是（   ）。

  A. 比较两个数的大小 B. 比较三个数的大小 C. 比较四个数的大小

（2）ZCP 指令的特点是（   ）。

  A. 比较两个数的大小 B. 比较三个数的大小 C. 比较四个数的大小

（3）比较指令除了可以用 CMP 表示外，还可以用（   ）表示。

  A. FNC8   B. FNC9   C. FNC10   D. FNC11

（4）区间比较指令除了可以用 ZCP 表示外，还可以用（   ）表示。

  A. FNC9   B. FNC10   C. FNC11   D. FNC12

（5）FX2N 系列 PLC 功能指令中包含（   ）条四则运算指令。

  A. 4   B. 6   C. 8   D. 10

2. 试用 CMP 指令实现下列功能：X000 为脉冲输入信号，当脉冲信号大于 5 时，Y001 为 ON；反之，Y000 为 ON。试画出其梯形图。

3. 3 台电动机相隔 10 s 起动，各运行 15 s 停止，循环往复。试用传送比较指令完成程序设计。

4. 试用比较指令设计 1 个密码锁控制程序。密码锁为 8 键输入（K2Y000），若所拨数据与密码设定值 H65 相等，则 2 s 后开照明电路；若所拨数据与密码设定值 H87 相等，则 3 s 后开空调。

项目五　PLC 与变频器综合应用

【项目描述】

前面主要对 PLC 的原理、基本逻辑指令编程、步进顺控编程、功能指令编程等内容做一定了解与认识。下面要介绍的变频器，是对交流电动机进行调速和方向控制的重要装置，是电力拖动设备和过程中转速和方向控制不可或缺的基本元件。

下面通过四个任务的分析讲解与实施，了解变频器的基本结构和工作原理，掌握变频器各参数的意义、操作面板的基本操作、外部端子的作用及参数的设置和接线，使学生能综合运用 PLC 和变频器控制技术。

任务一：E700 变频器的基本认识。

任务二：变频器正、反转控制。

任务三：三相异步电动机多段速控制。

任务四：PLC 与变频器在物料搬运、传送及分拣中的综合控制。

任务一　E700 变频器的基本认识

【任务目标】

1. 能力目标

（1）能熟练识别变频器各操作键及显示指示灯的名称、符号及功能。

（2）能熟练完成变频器的外部接线。

（3）能熟练完成变频器的基本操作。

2. 知识目标

（1）了解变频器的型号含义、基本结构及调速原理。

（2）理解变频器各参数的意义并识记部分参数的功能。

（3）掌握变频器面板各操作键及显示指示灯的名称、符号及功能。

3. 素质目标

（1）培养学生爱岗敬业、团结合作的精神。

（2）养成安全、文明生产的良好习惯

【工作任务】

本任务要求认识变频器的外形结构，并熟悉变频器面板的基本操作。

一、控制要求

（1）认识变频器的外形结构。

（2）认识变频器面板各个按钮的功能。

（3）认识变频器面板 LED 监视器功能。

（4）对 E700 变频器进行锁定操作。

（5）设定频率。

（6）变更参数设定值操作。

（7）参数清除操作。

（8）电动机的启停操作。

二、任务分析

三菱 E700 型变频器是一种常用的变频器，其操作简单、功能强大。面板控制是 E700 型变频器的基本功能，通过面板上的按钮能对变频器进行控制模式的切换和参数的设定，这些是使用变频器的必需操作。

【任务实施】

一、认识变频器面板

变频器上端盖如图 5-1-1 所示。变频器的数字操作面板如图 5-1-2 所示。

图 5-1-1 变频器上端盖

运行模式显示
PU：PU运行模式时亮灯。
EXT：外部运行模式时亮灯。
NET：网络运行模式时亮灯。

单位显示
· Hz：显示频率时亮灯。
· A：显示电流时亮灯。
（显示电压时熄灯，显示设定频率监视时闪烁。）

监视器（4位LED）
显示频率、参数编号等。

M旋钮
（M旋钮：三菱变频器的旋钮。）
用于变更频率设定、参数的设定值。按该旋钮可显示以下内容：
· 监视模式时的设定频率
· 校正时的当前设定值
· 错误历史模式时的顺序

模式切换
用于切换各设定模式
和 $\overset{PU}{EXT}$ 同时按下也可以用来切换运行模式。
长按此键（2 s）可以锁定操作。

各设定的确定
运行中按此键则监视器出现以下显示：

```
┌─→ 运行频率 ──┐
│            │
│  输出电流   │
│            │
└── 输出电压 ←─┘
```

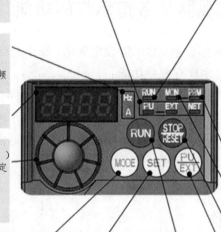

运行状态显示
变频器动作中亮灯/闪烁.·
*亮灯：正转运行中
缓慢闪烁（1.4 s 循环）：
反转运行中
快速闪烁（0.2 s 循环）

· 按 $\overset{(RUN)}{}$ 键或输入启动指令都无法运行时
· 有启动指令，频率指令在启动频率以下时
· 输入了MRS信号时

参数设定模式显示
参数设定模式时亮灯。

监视器显示
监视模式时亮灯。

停止运行
也可以进行报警复位

运行模式切换
用于切换PU/外部运行模式。
使用外部运行模式（通过另接的频率设定按钮和启动信号启动的运行）时请按此键，使表示运行模式的EXT处于亮灯状态。
（切换至组合模式时，可同时按 $\overset{(MODE)}{}$ （0.5 s ）

PU：PU运行模式
EXT：外部运行模式
也可以接触PU停止。

启动指令
通过 *Pr.40* 的设定，可以选择旋转方向。

图 5-1-2 数字式操作面板

二、认识面板操作按键

操作按键用于更换画面、变更数据和设定频率等。

（1）MODE 键：模式转换按键，用于更改工作模式，由现行画面转换为菜单画面，如显示、运行及程序设定模式等。

（2）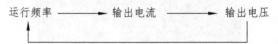 旋钮：用于快速增加或减小数据。

（3）PU/EXT 键：运行模式切换键，用于切换 PU 与 EXT 模式。

（4）SET 键：用于确定各类设置。如果在运行中按下，监视器将循环显示：

运行频率 ——→ 输出电流 ——→ 输出电压

（5）RUN 键：启动运行。

（6）STOP/REST 键：用于停止运行，也可用于报警复位。

三、认识 LED 监视器及各指示灯的功能

LED 监视器由 7 段 LED 4 位显示。显示需设定频率、输出频率等各种监视数据以及报警代码等。LED 监视器指示信号主要有三种功能：

（1）显示运行状态：运行时，RUN 灯亮；反转运行时，RUN 闪亮；停止时，RUN 灯熄灭。

（2）显示选择的运行模式：PU 运行模式时，PU 灯亮；EXT 模式时，EXT 灯亮。

（3）单位显示：显示频率时，Hz 灯亮；显示电流时，A 灯亮；显示电压时，Hz、A 灯均不亮。

四、面板基本操作

面板基本操作包括监视器和频率设定、参数设定和报警历史等，如图 5-1-3 所示。

（1）锁定操作：可以防止参数变更或防止发生意外启动或停止，使操作面板上的旋钮、键盘操作无效化。

① Pr.161 设置为"10"或"11"，然后按住 MODE 键 2 s 左右，此时旋钮与键盘操作均无效。之后面板会显示"HOLD"字样。

② 按住 MODE 键 2 s 左右可解除锁定。

注意：操作锁定未解除时，无法通过按键操作来实现 PU 停止的操作。

（2）监视模式切换：在监视器模式中按 SET 键可以循环显示输出频率、输出电压和输出电流。

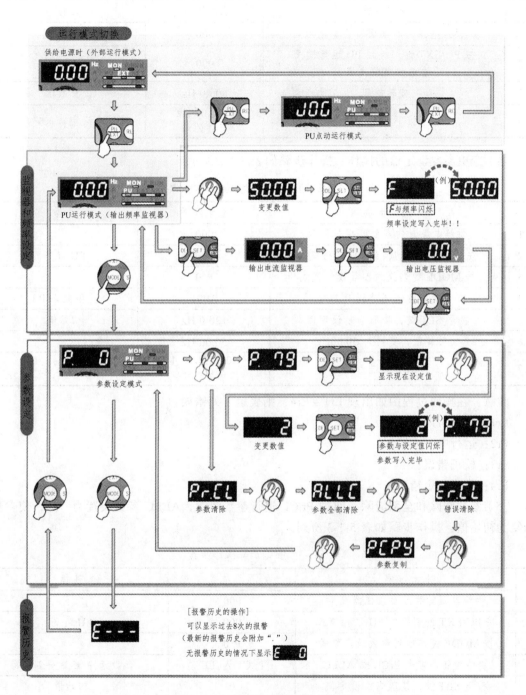

图 5-1-3　变频器参数设定示意图

（3）频率设定：在 PU 模式下用旋转旋钮直接设定频率，操作步骤如表 5-1-1 所示。

表 5-1-1　频率设定操作步骤

序号	操作步骤	显示结果	注释
1	供给电源时的画面监视器显示	000	
2	按 PU/EXT 键切换到 PU 运行模式（输出频率监视器）	000	PU 灯亮
3	旋转旋钮	50.00 Hz	变更数值
4	按下 SET 键	F/50.00 Hz 交替闪烁	频率设定写入完毕

（4）变更参数设定值的操作：操作步骤如表 5-1-2 所示。

表 5-1-2　变更参数设定值操作步骤

序号	操作步骤	显示结果	注释
1	供给电源时的画面监视器显示	000	
2	按 PU/EXT 键切换到 PU 运行模式	000	PU 灯亮
3	按 MODE 键切换到参数设定模式	P. 0	
4	旋转旋钮调节到 P. 1	P.001	上限频率 P.1
5	按下 SET 键，读取当前设定值	120.0 Hz	初始值
6	旋转旋钮，变更为 50.00HZ	50.00 Hz	
7	按下 SET 键进行写入	50.00 Hz/P. 1 交替闪烁	参数设定完毕

注意：在操作过程中如出现 Er1～Er4，则表示下列错误：

Er1：禁止写入错误；

Er2：运行中写入错误；

Er3：校正错误；

Er4：模式指定错误。

（5）参数清除和全部清除。通过 Pr.CL 进行参数清除，ALLC 参数设置为"1"，使参数恢复为初始值。操作步骤如表 5-1-3 所列。

表 5-1-3　参数清除操作步骤

序号	操作步骤	显示结果	注释
1	供给电源时的画面监视器显示	000	
2	按 PU/EXT 键切换到 PU 运行模式	000	PU 灯亮
3	按 MODE 键切换到参数设定模式	P. 0	
4	旋转旋钮调节到 PrCL 或 ALLC	Pr.CL/ALLC	参数清除/参数全部清除
5	按下 SET 键，读取当前设定值	0	初始值
6	旋转旋钮，变更为"1"	1	
7	按下 SET 键进行写入	1/Pr.CL/ALLC 交替闪烁	参数设定完毕

五、启动运行

（一）主电路的连接

输入端子 R、S、T 分别接三相电源 L1、L2、L3。输出端子 U、V、W 接到电动机的绕组。接线图如图 5-1-4 所示。

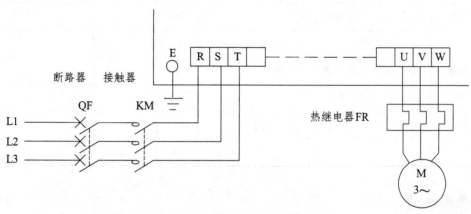

图 5-1-4　主电路接线图

注意：变频器的输入端和输出端是绝对不允许接错的。万一将电源进线端接到了 U、V、W 端，则不管哪个逆变管导通，都将引起两相间的短路而将逆变管迅速烧坏。

（二）参数设定

在 PU 模式下，运行频率可以直接用旋钮来设定，操作步骤如表 5-1-4 所示。设定完毕后即可启动运行操作。

表 5-1-4　运行频率设定步骤

序号	操作步骤	显示结果	注释
1	供给电源时的画面监视器显示	0.00	
2	按 PU/EXT 键切换到 PU 运行模式	0.00	PU 灯亮
3	旋转旋钮直接设定频率	30.00 Hz	闪烁 5 s 左右
4	数值闪烁时按 SET 键进行写入	30.00 Hz/F 交替闪烁	设定完毕

（三）启动运行

按下 RUN 键，电动机将按照第一次设定的频率值（30 Hz），逐渐加速并工作在正转 30 Hz 连续运行状态。

按下 STOP/RESET 键，电动机逐渐减速直至停止。

【任务评价】

检测项目	评分标准	分值	学生自评	小组评分	教师评分
电路连接	正确进行电路连接、工艺合理	10			
参数选择	正确的选择参数	20			
参数设定	能熟练进行参数设定操作	20			
启动运行	启动运行操作	10			
运行调试	分析存在问题并熟练修改参数	20			
团队协作	小组协调、合作	10			
职业素养	安全规范操作、着装、工位清洁等	10			
总分		100			

【知识点】

变频器是将固定频率的交流电变换为频率连续可调的交流电的装置。随着微电子学、电力电子技术、计算机技术和自动控制理论等的发展，变频器技术也在不断发展，其应用越来越普遍。

一、变频器的结构

通用变频器由主电路和控制电路组成，其基本结构如图 5-1-5 所示。主电路包括整流器、中间环节和逆变器。控制电路由运算电路、检测电路、控制信号的输入/输出电路和驱动电路组成。

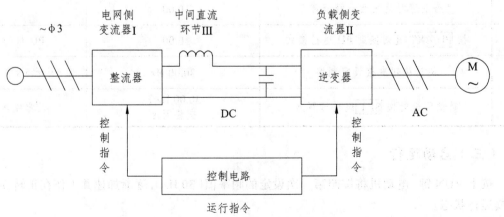

图 5-1-5　通用变频器的基本结构

（一）主电路

1. 整流电路

整流电路的主要作用是把三相交流电转变成直流电，为逆变电路提供所需的直流电源。按使用的器件不同，整流电路可分为不可控整流电路和可控整流电路。

2. 滤波及限流电路

限流电阻和短路开关组成限流电路，在变频器接入电源的瞬间，将有一个很大的冲击电流经整流桥流向滤波电容，整流桥可能因电流过大而在接入电源瞬间受到损坏，而限流电路可以削弱该冲击电流，起到保护整流桥的作用。

3. 整流中间电路

由整流电路可以将电网的交流电源整流成直流电压或整流电流，但这种电压或电流含有电压或电流波纹，将影响直流电压或直流电流的质量。为了减小这种电压或电流波动，需要加电容器或电感器作为直流中间环节。

4. 逆变电路

逆变电路是变频器最主要的部分之一，它的功能是在控制电路的控制下，将直流中间电路输出的直流电转换为电压、频率均可调的交流电，实现对异步电动机的变频调速控制。

（二）控制电路

为变频器的主电路提供通断控制信号的电路称为控制电路。其主要任务是完成对逆变器开关器件的开关控制和提供多种保护功能，主要有以下部分组成：

1. 运算电路

运算电路的主要作用是将外部的速度、转矩等指令信号同检测电路的电流、电压信号进行比较运算，决定变频器的输出频率和电压。

2. 信号检测电路

信号检测电路的作用是将变频器和电动机的工作状态反馈至微处理器，并由微处理器按事先确定的算法进行处理后为各部分电路提供所需的控制或保护信号。

3. 驱动电路

驱动电路的作用是为变频器中逆变电路的换流器件提供驱动信号。当逆变电路换流器件为晶体管时，称为基极驱动电路；当逆变电路的换流器件为可控硅（SCR）、IGBT或GTO时，称为门极驱动电路。

4. 保护电路

保护电路的主要作用是对检测电路得到的各种信号进行运算处理，以判断变频器本身或系统是否出现异常。当检测到出现异常时，保护电路进行各种必要的处理，如使变频器停止工作或抑制电压、电流值等。

二、变频器的基本工作原理

异步电动机的同步转速，即旋转磁场的转速为

$$n = 60f/p$$

式中　　n——同步转速（r/min）。

　　　　f——定子电流频率（Hz）。

　　　　p——极对数。

异步电动机的轴转速为

$$n = 60f/p\,(1-s)$$

改变异步电动机的供电频率，可以改变其同步转速，实现调速运行。

三、变频器的种类

（一）按变频的原理分类

1. 交-交变频器

交-交变频器只用一个变换环节就把恒压恒频（CVCF）的交流电变换为变压变频（VVVF）的电源，因此称为直接变频器，或称为交-交变频器。

2. 交-直-交变频器

交-直-交变频器又称为间接变频器，其基本组成电路有整流电路和逆变电路两部分：整流电路将工频交流电整流成直流电；逆变电路再将直流电逆变成频率可调节的交流电。

（二）按变频电源的性质分类

1. 电压型变频器

在中间直流环节采用大电容滤波，直流电压波形比较平直，使施加于负载上的电压值基本不受负载的影响而保持恒定，类似电压源，因而称为电压型变频器。如图 5-1-6 所示。

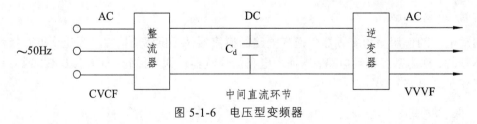

图 5-1-6　电压型变频器

由于电压型变频器是作为电压源向交流电动机提供交流电功率的，主要优点是运行几乎不受负载功率或换流的影响；缺点是当负载出现短路或在变频器运行状态下投入负载，都易出现过电流，必须在极短的时间内施加保护措施。

2. 电流型变频器

电流型变频器与电压型变频器在主电路结构上相似，所不同的是电流型变频器的中间环节采用大电感滤波，直流电流比较平直，使施加在负载上的电流值稳定不变，基本不受负载影响，其特性类似电流源，所以称之为电流型变频器。如图 5-1-7 所示。

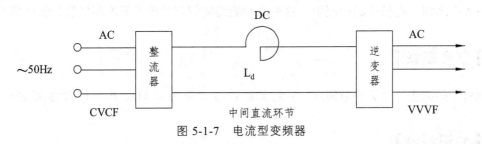

图 5-1-7　电流型变频器

电流型变频器由于电流的可控性较好，可以限制因逆变装置换流失败或负载短路等引起的过电流，保护的可靠性较高，所以多用于要求频繁加减速或四象限运行的场合。

（三）按调压的方式分类

1. 脉冲幅值调制（PAM）

脉冲幅值调制方式（Pulse Amplitude Modulation），简称 PAM 方式，是通过改变直流电压的幅值进行调压的方式。在此类变频器中，逆变器只负责调解输出频率，而输出电压的调节则由相控整流器或直流斩波器通过调节直流电压去实现。

2. 脉冲幅值宽度调制方式（PWM）

脉冲幅值宽度调制方式（Pulse Width Modulation），简称 PWM 方式，变频器输出电压的大小是通过改变输出脉冲的占空比来实现的。

（四）按用途分类

1. 通用变频器

通用变频器的特点是具有通用性。随着变频器技术的发展和市场需要的不断扩大，通用变频器也在朝着两个方向发展：一是低成本的简易型通用变频器；二是高性能的多功能变频器。它们分别具有以下特点：

简易型通用变频器是一种以节能为主要目的，而简化了一些系统功能的通用变频器，主要应用于水泵、鼓风机等对于系统调速性能要求不高的场合，具有体积小、价格低等优势。

高性能的通用变频器在设计过程中充分考虑了在变频器应用中可能出现的各种需要，并为满足这些需要在系统软件和硬件方面都做了相应的准备。在使用时，用户可以根据负载特性选择算法并对变频器的各种参数进行设定，也可以根据系统的需要选择厂家所提供的各种备用选件来满足系统的特殊需要。高性能的多功能通用变频器除了可以应用于简易型变频器的所有应用场合之外，还可以广泛应用于电梯、数控机床、电动车辆等对调速系统的性能有较高要求的场合。

2. 专用变频器、高性能专用变频器

随着控制理论、交流调速理论和电力电子技术的发展，异步电动机的 VC（矢量控制）得到发展，VC 变频器及其专用电动机构成的交流伺服系统已经达到并超过了直流伺服系统。此外，由于异步电动机还具有环境适应性强、维护简单等许多直流伺服电动机所不具备的优点，在要求高速、高精度的控制中，这种高性能交流伺服变频器正逐步代替直流伺服系统。

【任务拓展】

试将变频器进行全部参数清除，并将参数 Pr.4 设置为 40 Hz，Pr.5 设置为 35 Hz。

【知识测评】

1. 填空题

（1）变频器是将固定频率的交流电变换为_____交流电的装置。

（2）变频器的控制电路由_____、_____、_____、_____四部分组成。

（3）在主电路中，整流电路的主要作用是把_____转变成直流电，为逆变电路提供所需的直流电源。

（4）逆变电路是变频器最主要的部分之一，它的功能是在控制电路的控制下，将直流中间电路输出的直流电转换为_____。

（5）_____调制方式简称 PWM 方式，变频器输出电压的大小是通过改变输出脉冲的占空比来实现的。

2. 选择题

（1）MODE 键的作用是（　　）。

    A. 运行模式　　　　　　B. 操作选择　　　　　C. 正转　　　　　D. 反转

（2）正转运行时，（　　）灯亮。

    A. FWD　　　　　　　B. REV　　　　　　C. RUN　　　　　D. STOP

（3）变频器面板锁定操作参数是（　　）？

    A. Pr.160　　　　　　B. Pr.161　　　　　C. Pr.162　　　　D. Pr.163

（4）在监视器模式中按（　　）键可以循环显示输出频率、输出电压和输出电流。

    A. FWD　　　　　　　B. STOP　　　　　C. SET　　　　　D. MODE

（5）通过 Pr.CL 进行参数清除，ALLC 参数设置为（　　），使参数恢复为初始值。

    A. 0　　　　　　　　B. 1　　　　　　　C. 2　　　　　　D. 3

3. 问答题

（1）变频器通常由哪几部分组成？

（2）什么是电压型变频器和电流型变频器？各有什么特点？

（3）说说变频器在生活中的应用。

任务二　变频器正、反转控制

【任务目标】

1. 能力目标

（1）能熟练完成变频器操作面板和外部端子组合控制的参数设置和外部接线。
（2）能熟练完成变频器的基本操作。

2. 知识目标

（1）掌握变频器各参数的意义。
（2）掌握变频器操作面板各操作键和指示灯的名称、符号和功能。
（3）掌握变频器外部端子的功能。

3. 素质目标

（1）培养学生爱岗敬业、团结合作的精神。
（2）养成安全、文明生产的良好习惯。

【工作任务】

一、控制要求

某生产线上的皮带输送机由一台三相异步电动机来拖动，电动机功率为 1.1 kW，额定电流 2.52 A，额定电压 380 V，额定频率为 60 Hz。现需在 EXT 模式下利用变频器控制电动机方向和频率，实现对皮带输送机的控制。其具体控制要求如下：
（1）皮带输送机能以 15 Hz、25 Hz、35 Hz 三种频率正转或反转运行。
（2）皮带输送机能平稳启动，启动时间为 3 s；还能准确定位停止，停止时间为 0.5 s。
（3）设定频率时，最大不得超过 100 Hz，最小不得低于 10 Hz。
（4）变频器的速度和方向的启动由外部开关控制。

二、任务分析

本任务是由变频器来控制电动机运行方向和频率，其中电动机的正反转在 EXT 模式下可直接由外部的按钮开关实现，而其他的控制要求，如加、减速时间，运行频率的大小等则必须通过变频器的参数设定来实现，具体参数设定如下表 5-2-1 所示。

表 5-2-1   参数设定

参数编号	设定值	说明
Pr.0	7	转矩提升（根据情况进行设定）
Pr.1	120 Hz	上限频率
Pr.2	10 Hz	下限频率
Pr.3	60 Hz	基准频率
Pr.4	35 Hz	高速
Pr.5	25 Hz	中速
Pr.6	15 Hz	低速
Pr.7	3 s	加速时间
Pr.8	0.5 s	减速时间
Pr.9	2.52 A	电子过流
Pr.79	1	操作模式

【任务实施】

一、变频器控制电路的连接

（1）输入端子 R、S、T 分别接三相电源 L1、L2、L3。

（2）输出端子 U、V、W 接到电动机的绕组。

（3）外部开关接线如图 5-2-1 所示。

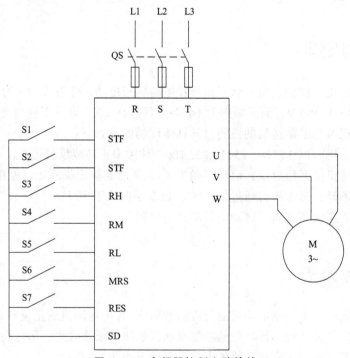

图 5-2-1   变频器控制电路接线

安装电路前要首先确认电源开关处于断开状态，安装结束后进行通电检查，保证电路连接正确。

由于变频器负载回路已经连接好，如果在接通电源时未将控制回路输入端断开，则变频器可能会输出信号使三相异步电动机运行，从而造成危险。因此，需要先将控制回路输入端都置于断开位置，再接通变频器电源。电源接通后，变频器电源指示灯亮，此时才可以进行下一步工作。

二、参数设定

首先恢复出厂设置。由于变频器之前可能被使用过，某些参数已被修改过，但又不知道哪些参数被修改过。因此，在设置变频器参数前先将其参数恢复至出厂设置。恢复出厂设置方法参见工作任务一中的相关内容。

（一）变频器对电动机进行热保护

为了防止电动机温度过高，将电动机的额定电流设定为 Pr.9 电子过电流保护。具体设置如表 5-2-2 所示。

表 5-2-2 Pr.9 电子过电流保护设置

参数编号	名称	初始值	设定范围		内容
Pr.9	电子过电流保护	变频器额定输出电流	55 kW 以下	0～500 A	设定电动机的额定电流
			75 kW 以上	0～3 600 A	

电动机的额定电流为 2.52 A，所以应把 Pr.9 电子过电流保护设为 2.52 A。具体操作如表 5-2-3 所示。

表 5-2-3 电子过流保护设置操作步骤

	操作步骤	显示结果	注释
1	供给电源时的画面监视器显示	0.00	
2	按 PU/EXT 键切换到 PU 运行模式	0.00	PU 灯亮
3	按 MODE 键切换到参数设定模式	P. 0	
4	旋转旋钮调节到 P. 9	p. 9	电子过电流保护参数
5	按下 SET 键，读取当前设定值	8.00 A	初始值
6	旋转旋钮，变更为 "2.52"	2.52 A	
7	按下 SET 键进行写入	2.52 A / P. 9 交替闪烁	参数设定完毕

注意：

（1）电子过电流保护功能在变频器的电源复位及复位信号输入后恢复到初始状态，所以尽可能避免不必要的复位或电源切断。

（2）连接多台电动机时，电子过电流保护功能无效，每个电动机请设置外部热继电器。

（3）变频器与电动机的容量差较大，设置值变小时电子过流的保护作用降低，这种情况下请使用外部热继电器。

（4）特殊电动机不能用电子过电流来进行保护，请使用外部热继电器。

（二）电动机的基准频率设定

基准频率也叫基本频率，一般以电动机的额定频率为基准频率给定值。本次使用的电动机频率为 60 Hz，所以应把 Pr.3 设置为 60 Hz。Pr.3 具体内容如表 5-2-4 所示。

表 5-2-4　基准频率的设定

参数编号	名称	初始值	设定范围	内容
Pr.3	基准频率	50 Hz	0～400 Hz	设定电动机在额定转矩时的频率

具体操作步骤如下表 5-2-5 所列。

表 5-2-5　基准频率设置操作步骤

	操作步骤	显示结果	注释
1	供给电源时的画面监视器显示	0.00	
2	按 PU/EXT 键切换到 PU 运行模式	0.00	PU 灯亮
3	按 MODE 键切换到参数设定模式	P. 0	
4	旋转旋钮调节到 P. 3	P. 3	基准频率参数
5	按下 SET 键，读取当前设定值	50.00 Hz	初始值
6	旋转旋钮，变更为 "60"	60.00 Hz	
7	按下 SET 键进行写入	60.00 Hz / P. 3 交替闪烁	参数设定完毕

（三）提高启动时的转矩

在 "施加负载后电动机不转动" 或 "出现警报[OL]/[OC1]跳闸" 的情况下，进行设定转矩操作的设定。Pr.0 具体内容如表 5-2-6 所示。

表 5-2-6　Pr.0 转矩操作的设定

参数编号	名称	初始值		设定范围	内容
Pr.0	转矩提升	0.4～0.75 kW	6%	0～30%	可以根据负载情况，提高低频时电动机的启动转矩
		1.5～3.7 kW	4%		
		5.5～7.5 kW	3%		
		11～55 kW	2%		
		75 kW 以上	1%		

例如:加上负载后观察电动机的动作,每次把 Pr.0 的设定值提高 1%(最多每次提高 10%)。具体操作如表 5-2-7 所示。

表 5-2-7 Pr.0 转矩提升设置操作步骤

序号	操作步骤	显示结果	注释
1	供给电源时的画面监视器显示	0.00	
2	按 PU/EXT 键切换到 PU 运行模式	0.00	PU 灯亮
3	按 MODE 键切换到参数设定模式	P. 0	
4	旋转旋钮调节到 P. 0	P. 0	转矩提升参数
5	按下 SET 键,读取当前设定值	6.0	初始值
6	旋转旋钮,变更为"7.0"	7.0	
7	按下 SET 键进行写入	7.0 / P. 0 交替闪烁	参数设定完毕

注意:

(1)如果设定值过大,可能引起过热状态过电流切断电源。

(2)保护功能动作时,先取消启动指令,然后把 Pr.0 的设定值降低 1%再试。

(四)设置输出频率的上下限

设置输出频率的上、下限可以限制电动机的速度。输出频率的上、下限设置时,Pr.1、Pr.2 的具体设定内容如表 5-2-8 所示。

表 5-2-8 输出频率上、下限设定

参数编号	名称	初始值	设定范围	设定范围	内容
Pr.1	上限频率	55 kW 以下 75 kW 以上	120 Hz	0～120 Hz	设定输出频率上限
Pr.2	下限频率	0 Hz	60 Hz	0～120 Hz	设定输出频率下限

输出频率上、下限参数设定步骤如表 5-2-9 所示。

表 5-2-9 输出频率上、下限参数操作步骤

序号	操作步骤	显示结果	注释
1	供给电源时的画面监视器显示	0.00	
2	按 PU/EXT 键切换到 PU 运行模式	0.00	PU 灯亮
3	按 MODE 键切换到参数设定模式	P. 0	
4	旋转旋钮调节到 P. 1(P. 2)	P. 1 / P. 2	输出频率上下限参数
5	按下 SET 键,读取当前设定值	120 Hz（0 Hz）	初始值
6	旋转旋钮,变更为"100 Hz"(10 Hz)	100 Hz（10 Hz）	
7	按下 SET 键进行写入	100 /10 Hz　P. 1 / P. 2 交替闪烁	参数设定完毕

注意：

（1）设定频率在 Pr.2 以下的情况下也只会输出 Pr.2 设定的值（输出不会小于 Pr.2 的值）。

（2）设定 Pr.1 后，旋转旋钮也不能设定比 Pr.1 更高的值。

（五）改变加速时间、减速时间

（1）加速时间 Pr.7：如果想慢慢加速就把此时间设定得长些，如果想快点加速就把此时间设定得短些。

（2）减速时间 Pr.8：如果想慢慢减速就把此时间设定得长些，如果想快点减速就把此时间设定得短些。

改变加速时间和减速时间，设定 Pr.7、Pr.8 的具体操作内容如表 5-2-10 所示。

表 5-2-10　加、减速时间参数

参数编号	名称	初始值		设定范围	内容
Pr.7	加速时间	7.5 kW 以下	5 s	0～360 s	设定电动机的加速时间
		11 kW 以上	15 s		
Pr.8	减速时间	7.5 kW 以下	5 s	0～360 s	设定电动机的减速时间
		11 kW 以上	15 s		

根据任务要求，具体操作步骤如表 5-2-11 所示。

表 5-2-11　加、减速时间参数操作步骤

序号	操作步骤	显示结果	注释
1	供给电源时的画面监视器显示	0.00	
2	按 PU/EXT 键切换到 PU 运行模式	0.00	PU 灯亮
3	按 MODE 键切换到参数设定模式	P. 0	
4	旋转旋钮调节到 P. 7（P. 8）	P. 7/ P. 8	加、减速时间设定参数
5	按下 SET 键，读取当前设定值	5 s	初始值
6	旋转旋钮，变更为"100 Hz"（10 Hz）	3 s（0.5 s）	
7	按下 SET 键进行写入	3 s / 0.5 s　P. 7 / P. 8 交替闪烁	参数设定完毕

（六）运行频率设定

根据表 5-2-1 进行变频器参数设定，所有参数设置完后，再逐一进行检查确认设置是否

有效。其中 Pr.4、Pr.5、Pr.6 参数设定方法如表 5-2-12 所示。

表 5-2-12　3 段速参数操作步骤

	操作步骤	显示结果	注释
1	供给电源时的画面监视器显示	0.00	
2	按 PU/EXT 键切换到 PU 运行模式	0.00	PU 灯亮
3	按 MODE 键切换到参数设定模式	P. 0	
4	旋转旋钮调节到 P.4/P.5/P.6	P. 4 / P. 5 / P.6	高速/中速/低速频率设定
5	按下 SET 键，读取当前设定值	50 Hz/30 Hz/10 Hz	初始值
6	旋转旋钮，变更为 "35HZ/25HZ/15HZ"	35 Hz/25Hz/15 Hz	
7	按下 SET 键进行写入	35 Hz/25 Hz/15 Hz P. 4 / P. 5 / P. 6 交替闪烁	参数设定完毕

说明：

（1）Pr.4 多段速输入（高速）：此参数为多段速高速运行的设定频率，即设定 RH 接通时的频率值。

（2）Pr.5 多段速输入（中速）：此参数为多段速中速运行的设定频率，即设定 RM 接通时的频率值。

（3）Pr.6 多段速输入（高速）：此参数为多段速低速运行的设定频率，即设定 RL 接通时的频率值。

（七）操作模式选择

Pr.79 可以设置启动指令和频率指令的场所，具体内容如表 5-2-13 所示。

表 5-2-13　Pr.79 启动指令和频率指令场所的选择

参数编号	名称	初始值	设定范围	内容
Pr.79	操作模式选择	0	0	PU/EXT 切换模式（可通过 PU/EXT 键切换 PU 与 EXT 模式）
			1	PU 运行模式固定
			2	EXT 模式固定
			3	PU/EXT 组合模式 1，PU 设定频率，外部控制启动
			4	PU/EXT 组合模式 2，外部设定频率，面板控制启动
			6	切换模式，可以切换为 PU、EXT、NET 模式

根据任务要求，正反转的控制由外部开关操作来完成，因此将 Pr.79 设置为 "2"，具体操作步骤如表 5-2-14 所示。

表 5-2-14   Pr.79 操作模式参数操作步骤

序号	操作步骤	显示结果	注释
1	供给电源时的画面监视器显示	0.00	
2	按 PU/EXT 键切换到 PU 运行模式	0.00	PU 灯亮
3	按 MODE 键切换到参数设定模式	P. 0	
4	旋转旋钮调节到 P. 79	P. 79	操作模式设定参数
5	按下 SET 键，读取当前设定值	0	初始值
6	旋转按钮，变更为 "2"	2	
7	按下 SET 键进行写入	2 / P.79 交替闪烁	参数设定完毕

注意：

（1）在 EXT 模式下，可以通过操作面板来设定频率，但不能通过 RUN 键来发出启动信号，只能通过外部端子型号来控制。

（2）端子 STF 为 ON 时，变频器输出为正转。

（3）端子 STR 为 ON 时，变频器输出为反转。

三、操作运行

（1）按下 MODE 键进入运行监视模式界面，此时 MON 灯亮。观察 LED 显示内容，可根据相应要求按下 SET 键监视输出频率、输出电流、输出电压。

（2）正转运行：

① 合上开关 S1 接通 STF，并合上开关 S3 接通 RH，电动机将以 35 Hz 频率正转启动运行。

② 合上开关 S1 接通 STF，并合上开关 S4 接通 RM，电动机将以 25 Hz 频率正转启动运行。

③ 合上开关 S1 接通 STF，并合上开关 S5 接通 RL，电动机将以 15 Hz 频率正转启动运行。

④ 断开 S1 或断开 S3/S4/S5，电动机将逐渐减速至停止。

（3）反转运行：

① 合上开关 S2 接通 STR，并合上开关 S3 接通 RH，电动机将以 35 Hz 的频率反转启动运行。

② 合上开关 S2 接通 STR，并合上开关 S4 接通 RM，电动机将以 25 Hz 的频率反转启动运行。

③ 合上开关 S2 接通 STR，并合上开关 S5 接通 RL，电动机将以 15 Hz 的频率反转启动运行。

④ 断开 S2 或断开 S3/S4/S5，电动机将逐渐减速至停止。

四、调试设备

按表 5-2-15 所列依次调节变频器各外部输入开关的状态，观察皮带输送机的运行速度、方向、启动及停止时间，并做好记录。

表 5-2-15　调试记录表

	1	2	3	4	5	6	7	8	10	11	12
正转启动 S1	通	通	通	通	通	断	断	断	通	断	断
反转启动 S2	断	断	通	断	断	通	通	通	通	通	断
高速 S3	断	断	断	断	通	通	断	断	通	断	通
中速 S4	断	断	断	通	断	断	通	断	断	断	断
低速 S5	断	通	通	断	断	断	断	通	断	断	断
皮带输送机运行速度和方向											
启动时间											
停止时间											

根据调试结果，说明变频器设置能否让皮带输送机达到工作任务中的调速要求，总结变频器开关的状态与皮带输送机运行状态之间的关系，完成表 5-2-16。

表 5-2-16　变频器控制端开关状态和电动机运行状态关系表

	35 Hz 正转	35 Hz 反转	25 Hz 正转	25 Hz 反转	15 Hz 正传	15 Hz 反转
正转启动 S1						
反转启动 S2						
高速 S3						
中速 S4						
低速 S5						

【任务评价】

检测项目	评分标准	分值	学生自评	小组评分	教师评分
电路连接	正确进行电路连接、工艺合理	10			
参数选择	正确的选择参数	20			
参数设定	能熟练进行参数设定操作	20			
启动运行	启动运行操作	10			
运行调试	分析存在问题并熟练修改参数	20			
团队协作	小组协调、合作	10			
职业素养	安全规范操作、着装、工位清洁等	10			
总分		100			

【知识点】

变频器控制电动机运行时，其各种性能和运行方式都是通过参数设定来实现的，不同的参数具有不同的功能。不同的变频器参数的多少是不一样的，总体来说，分为基本功能参数、运行参数、定义控制端子功能参数、附加功能参数、运行模式参数等。理解这些参数的意义，是应用变频器的基础。

一、给定频率

给定频率即用户根据生产工艺的需求所设定的变频器输出频率。例如，本次任务中正转和反转要求的运行频率。有三种给定频率的方式供用户选择。

（1）面板给定方式：通过面板上的键盘设置给定频率。

（2）外接给定方式：通过外部的模拟量或数字输入给定端口，将外部频率给定信号输入变频器。

（3）通信接口给定方式：由计算机或其他控制器通过通信接口进行给定。

二、输出频率

输出频率即变频器的实际输出频率。当电动机所带的负载变化时，为使拖动系统稳定运行，变频器的输出频率会根据系统情况不断调整，因此输出频率是在给定频率附近经常变化的。

三、基准频率

基准频率也叫基本频率（Pr.3），一般以电动机的额定频率作为基准频率的给定值。

四、上限频率和下限频率

上限频率和下限频率（Pr.1/Pr.2）是指变频器输出的最高、最低频率。根据拖动系统所带的负载不同，有时要对电动机的最高、最低转速予以限制，以保证拖动系统的安全运行和产品的质量。另外，对于由操作面板的误操作及外部指令的误动作引起的频率过高和过低，设置上限频率和下限频率可起到保护作用。常用的方法就是给变频器的上限频率和下限频率赋值。当变频器的给定频率高于上限频率或者是低于下限频率时，变频器的输出频率将被限制在所设定的上限频率或下限频率。

五、点动频率

点动频率（Pr.15）是指变频器在点动时的给定频率。生产机械在调试及每次新的加工过程开始前常需要进行点动，以观察整个拖动系统各部分的运转是否良好。为防止意外，大多数点动运转的频率都较低。如果每次点动前都将给定频率修改成点动频率是很麻烦的，所以一般的变频器都提供了预置点动频率的功能。如若预置了点动频率，则每次点动时，只需要将变频器的运行模式切换至点动运行模式即可。

六、启动频率

启动频率是指电动机开始启动时的频率，这个频率可以从 0 开始，但是对于惯性较大或摩擦转矩较大的负载需加大启动转矩，使实际启动频率增加，此时启动电流也较大。一般的变频器都可以预置启动频率（Pr.13），一旦预置了该频率，变频器对小于启动频率的运行频率将不予理睬。

给定频率的启动原则是：在启动电流不超过允许值的前提下，拖动系统能够顺利启动为宜。

七、多档转速频率

由于工艺上的要求，很多生产机械在不同的阶段需要在不同的转速下运行。所以，大多数变频器均提供了多档频率控制功能。它是通过几个开关的通断组合来选择不同的运行频率。

八、转矩提升

此参数主要用于设定电动机启动时的转矩大小，通过设定此参数（Pr.0），补偿电动机绕组上的电压降，改善电动机低速时的转矩性能。该参数设定过小则启动力矩不够，一般最大值设定为 10%。

九、简单模式参数

简单模式参数可以在初始设定值不做任何改变的状态下，实现单纯的变频器可变速运行，应根据负荷或运行规格等设定必要的参数。可以在操作面板进行参数的设定、变更及操作。

通过 Pr.160 用户参数组读取选择的设定，仅显示简单模式参数（初始设定将显示全部的参数）。根据需要进行 Pr.160 用户参数组读取选择的设定。Pr.160 用户参数组如表 5-2-17 所示。

表 5-2-17 Pr.160 用户参数组

Pr.160	内　容
9999	只能显示简单参数模式
0（初始值）	可以显示简单模式参数和扩展模式参数
1	可以显示用户参数组中登录的参数

简单模式参数如表 5-2-18 所示。

表 5-2-18 简单参数模式

参数编号	名称	初始值	范围
Pr.0	转矩提升	6%/4%/3%/2%/1%	0～30%
Pr.1	上限频率	120 Hz	0～120 Hz
Pr.2	下限频率	0 Hz	0～120 Hz
Pr.3	基准频率	50 Hz	0～400 Hz
Pr.4	3 速设定（高速）	50 Hz	0～400 Hz
Pr.5	3 速设定（中速）	30 Hz	0～400 Hz
Pr.6	3 速设定（低速）	10 Hz	0～400 Hz
Pr.7	加速时间	50 s	0～360 s
Pr.8	减速时间	5 s	0～360 s
Pr.9	电子过流保护器	变频器额定输出电流	0～360 A
Pr.79	运行模式选择	0	0，1，2，3，4，6，7
Pr.125	端子 2 频率设定增益频率	50 Hz	0～400 Hz
Pr.126	端子 4 频率设定增益频率	50 Hz	0～400 Hz
Pr.160	用户参数组读取选择	1	0，1，9999

十、外部接口电路

变频器的外部接口电路通常包括逻辑控制指令电路、频率指令输入/输出电路、过程参数监测型号输入/输出电路和数字信号输入/输出电路等。而变频器和外部信号的通信需要通过相应的接口进行。如图 5-2-2 所示。

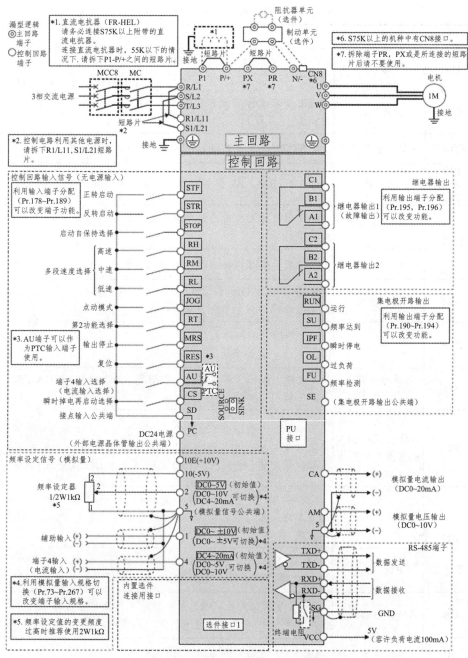

图 5-2-2　变频器外部接口示意图

十一、控制电路输入端子

控制电路输入端子功能如表 5-2-19 所示。

表 5-2-19　控制电路输入端子的功能

分类	端子标记	端子名称	说明	
触点输入	STF	正转启动	STF 信号 ON 为正转，OFF 为停止	STF、STR 信号同时为 ON 时为停止指令
	STR	反转启动	STR 型号 ON 为反转，OFF 为停止	
	STOP	启动信号自保持	使 STOP 信号处于 ON，可以选择启动信号自保持	
	RH RM RL	多段速选择	用 RH、RM、RL 信号的组合可以选择多段速度	
	JOG	电动模式选择	JOG 信号为 ON 时选择电动运行，用启动信号（STR、STF）可以点动运行）	
		脉冲列输入	JOG 端子也可以作为脉冲列输入端子使用	
	MRS	输出停止	MRS 信号为 ON 时（20 ms 以上），变频器输出停止，用电磁制动停止电动机时用于断开变频器的输出	
	RES	复位	用于解除保护回路动作的保持状态。使端子 RES 信号处于 ON 在 0.1 s 以上，然后断开。	
	SD	公共输入端子（漏型）	节点输入端子（漏型）的公共端子。DC 24 V、0.1 A（PC 端子）电源的输出公共端	
	PC	外部晶闸管输出公共端,DC 24 V 电源接入公共端（源型）	当连接晶体管输出（集电极开路输出）时，例如可编程序控制器，将晶体管输出用的外部电源公共端接到这个端子，可以防止因漏电引起的误动作，端子 PC 至 SD 之间可用于 DC 24 V、0.1 A 电源输出。	
	AU	端子 4 输入选择	只有把 AU 信号置为 ON 时端子 4 才能用。（频率设定信号 DC 4～20 mA 之间可以操作）AU 信号置为 ON 时端子 2（电压输入）的功能无效	
		PTC 输入	AU 端子也可以作为 PTC 输入端子使用（保护电动机的温度），用作 PTC 输入端子时，要把 AU/PTC 切换开关切换到 PTC 侧	
	CS	瞬停再启动选择	CS 信号预先处于 ON，瞬时停电再恢复时变频器便可自动启动，但用这种运行必须设定有关参数，因为出厂设定为不能再启动	
频率设定	10	频率设定用电源	DC 5 V，允许负荷电流为 10 mA	
	2	频率设定（电压）	输入 0～5 V（或 0～10V）时，5 V（或 10 V）对应最大输出频率。输入、输出成比例。两者的切换用 Pr.73 进行。输入阻抗 10 kΩ	
	4	频率设定（电流）	输入 DC 4～20 mA 时，20 mA 对应最大输出频率，输入、输出成比例。只在端子 AU 信号为 ON 时，该输入信号有效	
	5	频率设定公共端	频率设定信号（端子 2，1 或 4）和模拟输出端子 AM 的公共端子。请不要接地	

十二、控制电路输出端子

控制电路输出端子功能如表 5-2-20 所示。

表 5-2-20 控制电路输出端子功能

分类	端子标记	端子名称	说　明
触点输出	A B C	继电器输出	指示变频器因保护功能动作时输出停止的转换触点
集电极 开路	RUN	变频器正在运行	变频器输出频率为启动频率（初始值 0.5 Hz）以上时为低电平，正在停止或正在直流制动时为高电平
	SU	频率到达	输出频率达到设定频率的 ±10%（出厂时为低电平）
	OL	过负载报警选择	当失速保护功能动作时为低电平，当失速保护功能解除时为高电平
	1PT	瞬时停电	瞬时停电，电压不足保护动作时为低电平
	FU	频率检测	输出频率为任意设定值的检测频率以上时为低电平，未达到时为高电平
	SE	集电极开路输出 公共端	端子 RUN、SU/OL/1PF/FU 的公共端子
脉冲输出	CA	模拟电流输出	可以从多种监视项目中选一种为输出信号，输出信号与监视项目的大小成正比
模拟输出	AM	模拟信号输出	

十三、通信端子

通信端子功能如表 5-2-21 所示。

表 5-2-21 通信端子功能

分类	端子标记		端子名称	说明
	—		PU 接口	通过 PU 接口进行 RS-485 通信（仅 1 对 1 连接）
RS-485	RS-485端子	TXD+	变频器传输端子	通过 RS-485 端子进行 RS-485 通信。遵守标准：E1A-485（RS-485）；通信方式：多站点通信；通信速率：300 ~ 38 400 bit/s；最长距离：500 m
		TXD-		
		RXD+	变频器接收端子	
		RXD-		
		SG	接地	
USB	—		USB 连接器	与个人计算机通过 USB 连接后，可以实现 FR-Configurator 的操作。接口：支持 USB1.1；传输速度：12 Mb/s；连接器：USB B 连接口（B 插口）

【任务拓展】

有一运料小车，在生产线上往返运料，有时高速，有时中速，还有时低速，其运行曲线如图 5-2-3 所示。

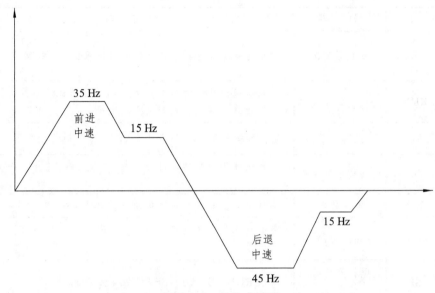

图 5-2-3   操作曲线图

图中正方向是装载时的运行速度，反方向是放下重物空载返回的速度，前进、后退的加、减速时间由变频器的加、减速参数来设定，当前进到接近放下重物的位置时，减速到 10 Hz 运行，以减小停止的惯性；同样，当后退到接近装载的位置时，减速到 10 Hz 运行，以减小停止的惯性。请根据任务进行变频器的电路接线和参数设定。

【知识测评】

1. 填空题

（1）给定频率即用户根据生产工艺的需求所设定的变频器输出频率。给定频率的方式有_____、_____、_____ 三种供用户选择。

（2）设定电动机启动时的转矩大小，通过设定此参数_____，补偿电动机绕组上的电压降，改善电动机低速时的转矩性能。

（3）_____参数可以在初始设定值不做任何改变的状态下，实现单纯的变频器可变速运行。

（4）基准频率也叫基本频率，一般以电动机的_____作为基准频率的给定值。

（5）通过参数 Pr.13 可以设定电动机_____频率。

（6）STF、STR 信号同时为 ON 时变成_____指令。

（7）在EXT模式下可以通过操作面板来设定频率，但不能通过 RUN 键来发出启动信号，只能通过_____来控制。

（8）按下MODE键进入运行监视模式界面，此时MON灯亮。观察LED显示内容，可根据相应要求按下_____键监视输出频率、输出电流、输出电压。

（9）安装电路前要首先确认电源开关处于_____状态，安装结束后进行通电检查，保证电路连接正确。

（10）由于变频器之前已被使用过，某些参数被修改过，但又不知道哪些参数被修改。因此，在设置变频器参数前先进行_____操作。

2. 选择题

（1）为了防止电动机温度过高，请把电动机的额定电流设定为（   ）电子过电流保护。

    A. Pr.7   B. Pr.8   C. Pr.9   D. Pr.10

（2）设置输出频率的上下限可以限制电动机的速度，其设定范围是（   ）。

    A. 0～50 Hz   B. 0～120 Hz   C. 20～120 Hz   D. 60～120 Hz

（3）操作模式通过参数（   ）设置。

    A. Pr.79   B. Pr.80   C. Pr.81   D. Pr.82

（4）在参数设定中用（   ）键读取当前设定值。

    A. SET   B. MODE   C. FWD   D. PU/EXT

（5）Pr.5参数为（   ）运行的设定频率，即设定RM接通时的频率值。

    A. 高速   B. 中速   C. 低速   D. 基准速度

（6）端子STR为ON时，变频器输出为（   ）。

    A. 正转   B. 反转   C. 匀速   D. 点动

（7）控制模式参数Pr.79设定为（   ）时，时EXT外部控制模式。

    A. 0   B.1   C.2   D.3

（8）变频器的（   ）输入端子为复位信号。

    A. STF   B.STR   C.MRS   D.RES

（9）Pr.4参数的初始值为（   ）。

    A. 30 Hz   B.40 Hz   C.50 Hz   D.60 Hz

3. 简答题

（1）为什么要设置变频器输出的上限频率和下限频率？

（2）在安装好电路、接通电源开关后，若变频器的电源指示灯不亮，可能是什么原因造成的？应如何查找故障？

任务三　三相异步电动机多段速控制

【任务目标】

1. 能力目标

（1）能熟练完成变频器多段速的参数设置和外部端子的接线。
（2）能熟练运用变频器的外部端子和参数实现变频器的多段速控制。
（3）能根据控制要求完成电动机多段速控制 PLC 程序的设计与调试。

2. 知识目标

（1）掌握变频器各参数的意义。
（2）掌握变频器操作面板各操作键和指示灯的名称、符号和功能。
（3）掌握变频器外部端子的功能。
（4）掌握 PLC 与变频器综合控制的一般方法。

3. 素质目标

（1）具有较强的计划组织能力和团队协作能力。
（2）具有较强的与人沟通和交流的能力。
（3）具有较好的学习新知识、新技能及解决问题的能力。

【工作任务】

　　某食品加工生产线的生产加工包括两道工序，由一台电动机的正、反转控制。第一道加工工序包括 3 个加工步骤，由电动机正转拖动。第二道加工工序包括 4 个加工步骤，由电动机反转拖动。每个加工步骤的运行时间为 10 s。按下启动按钮，变频器每 10 s 改变一次频率，带动电动机按 10 Hz、30 Hz、45 Hz 频率正转，依次进行第一道工序的加工。第一道加工工序结束之后，自动进入第二道工序的加工，变频器每 10 s 改变一次频率，带动电动机按 20 Hz、15 Hz、40 Hz、50 Hz 的频率反转，依次进行第二道工序的加工。工作流程如图 5-3-1 所示。

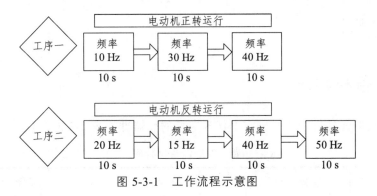

图 5-3-1 工作流程示意图

一、控制要求

本任务要求三相异步电动机能正、反转运行，控制要求如下：

（1）按下启动按钮 SB1，变频器每 10 s 改变一次频率，带动电动机按 10 Hz、30 Hz、45 Hz 的频率正转，依次进行第一道工序的加工。

（2）第一道加工工序结束之后，自动进入第二道工序的加工，变频器每 10 s 改变一次频率，带动电动机按 20 Hz、15 Hz、40 Hz、50 Hz 的频率反转，依次进行第二道工序的加工。

（3）一次加工结束之后自动停止，再次按下启动按钮 SB1 重新进入加工过程。

（4）按下停止按钮 SB2，变频器无论在什么段速运行，都停止输出。

二、任务分析

在变频器的 7 段速控制中，首先需要对相应的参数进行设置（Pr4 ~ Pr6，Pr24 ~ Pr27）。设置完成后，PLC 主要起到顺序控制的作用，顺序接通或断开变频器的外部控制开关（STF、STR、RH、RM、RL）。变频器的开关量输入与输出频率的对应关系如表 5-3-1 所示。例如，通过 PLC 输出控制 STF、RH 接通，则变频器以 10 Hz 的频率正转运行；如果是 STR、RM 接通，则变频器以 30 Hz 的频率反转运行。

表 5-3-1 变频器的开关量输入与输出频率的对应关系表

变频器开关量输入					变频器 7 段速输出/Hz							
正转	反转	7 段速选择			停止	1	2	3	4	5	6	7
STF	STR	RH	RM	RL		Pr.4	Pr.5	Pr.6	Pr.24	Pr.25	Pr.26	Pr.27
0	0	0	0	0	0							
1	0	1	0	0		10						
1	0	0	1	0			30					
1	0	0	0	1				45				
0	1	0	1	1					20			
0	1	1	0	1						15		
0	1	1	1	0							40	
0	1	1	1	1								50

【任务实施】

一、设备材料表

通过查找电器元件选型表，确定本任务选择的元器件如表 5-3-2 所示。

表 5-3-2 设备材料表

序号	符号	设备名称	型号、规格	单位	数量	备注
1	PLC	可编程序控制器	FX$_{2N}$-48 MR	台	1	
2	FR	变频器	FR-E740	台	1	
3	QF	低压断路器	DZ47-D40/3P	个	1	
4	QF	低压断路器	DZ47-10/1P	个	1	
5	SB	按钮	LA39 - 11	个	2	

二、I/O 点总数及地址分配

在控制电路中，控制变频器的运行需要 5 个输出信号，分别控制电动机的正、反转和多段速选择。输入信号为 2 个。PLC 的 I/O 地址分配表如表 5-3-3 所示。

表 5-3-3 I/O 地址分配表

	输入信号			输出信号	
1	X000	启动按钮 SB1	1	Y000	STF 正转起动
2	X001	停止按钮 SB2	2	Y001	STR 反转起动
			3	Y002	RH（多段速选择）
			4	Y003	RM（多段速选择）
			5	Y004	RL（多段速选择）

三、接线原理图

如图 5-3-2 所示，因变频器具有缺相、过流等多项保护措施，主电路中采用一个断路器作为隔离、保护器件即可。在应用变频器时，需要注意的是电源的输入侧与变频器输出侧不能接反，否则会引起故障或事故。

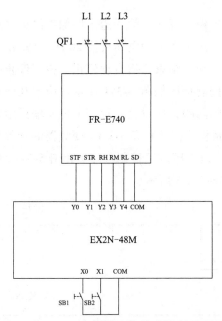

图 5-3-2　PLC、变频器多段速控制原理图

四、程序设计

第一步：第一道工序加工控制程序。按下启动按钮 SB1，X000 触点闭和。变频器每 10 s 改变一次频率，带动电动机按 10 Hz、30 Hz、45 Hz 的频率正转，依次进行第一道工序的加工。按下停止按钮 SB2，变频器无论在什么段速运行，都停止加工。控制程序如图 5-3-3 所示。由于在后续程序中还有第二道工序加工控制程序，存在重复输出的问题，所以这一程序中先输出给辅助继电器 M。

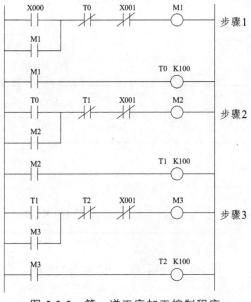

图 5-3-3　第一道工序加工控制程序

第二步：第二道工序加工控制程序。第一道工序加工结束之后，自动进入第二道工序加工过程，变频器每 10 s 改变一次频率带动电动机按 20 Hz、15 Hz、40 Hz、50 Hz 的频率反转，依次进行第二道工序的加工，加工结束之后自动停止。按下停止按钮 SB2，变频器无论在什么段速运行，都停止加工。控制程序如图 5-3-4 所示。由于在前面程序中还有第一道工序加工控制程序，存在重复输出的问题，所以这一程序中也先输出给辅助继电器 M。

第三步：变频器输出控制程序。参考表 5-3-1（变频器的开关量输入与输出频率的对应关系表）；并结合图 5-3-3（第一道工序加工控制程序）和图 5-3-4（第二道工序加工控制程序），得出变频器输出控制程序如图 5-3-5 所示。

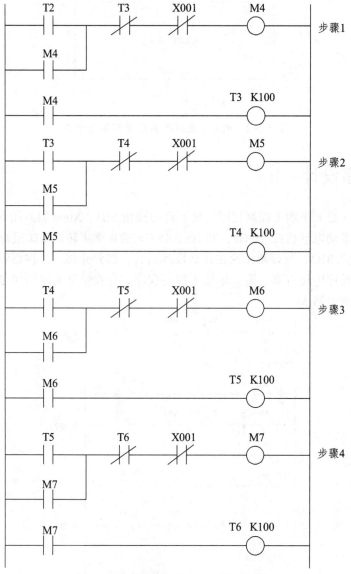

图 5-3-4　第二道工序加工控制程序

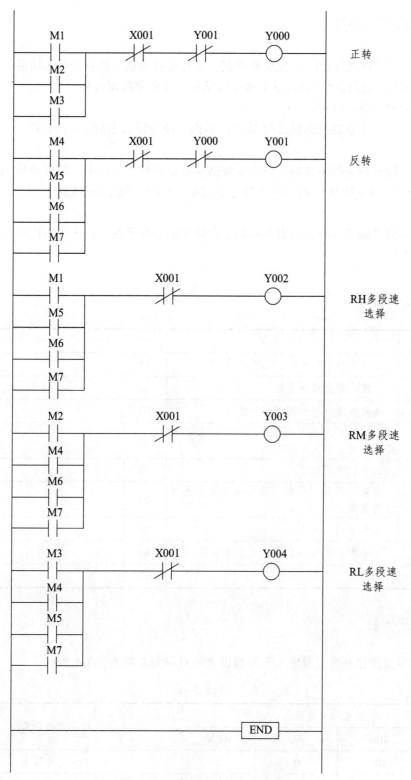

图 5-3-5　变频器输出控制程序

五、运行调试

根据接线原理图连接 PLC、变频器线路，进行模拟调试。检查接线无误后，将程序下载传送到 PLC 中，运行程序。按以下步骤进行操作，并观察控制过程。

（1）变频器参数的设置：

第一步：进入变频器帮助模式的 RLLC 界面，通过设置参数（0 设置成 1）清除变频器所有参数。

第二步：设置相关频率参数。进入变频器参数设定模式界面下，设置参数 Pr. 79 = 2 Hz、Pr. 4 = 10 Hz、Pr. 5 = 30 Hz、Pr. 6 = 45 Hz、Pr. 24 = 20 Hz、Pr. 25 = 15 Hz、Pr. 26 = 40 Hz、Pr. 27 = 50 Hz

（2）按下启动按钮 SB1，观察变频器输出频率的变化情况。按下停止按钮 SB2，观察电机能否停止工作。

【任务评价】

检测项目	评分标准	分值	学生自评	小组评分	教师评分
电路连接	正确进行电路连接、工艺合理	20			
参数设定	正确设定变频器参数	10			
程序输入	能熟练进行梯形图程序的输入	10			
程序编辑	会编辑修改梯形图程序；能进行程序转换、存盘、写入等操作	10			
启动运行	正确操作系统运行	10			
运行调试	会调试程序，分析程序存在问题并熟练修改程序	20			
团队协作	小组协调、合作	10			
职业素养	安全规范操作、着装、工位清洁等	10			
总分		100			

【知识点】

变频器多段速控制开关量输入与参数设置的对应关系如表 5-3-4 所示。

表 5-3-4

变频器开关量输入				对应参数设置
RH	RM	RL	REX	
1	0	0	0	Pr.4　速度 1
0	1	0	0	Pr.5　速度 2
0	0	1	0	Pr.5　速度 3

变频器开关量输入				对应参数设置
RH	RM	RL	REX	
0	1	1	0	Pr.24 速度4
1	0	1	0	Pr.25 速度5
1	1	0	0	Pr.26 速度6
1	1	1	0	Pr.27 速度7
0	0	0	1	Pr.232 速度8
0	0	1	1	Pr.233 速度9
0	1	0	1	Pr.234 速度10
0	1	1	1	Pr.235 速度11
1	0	0	1	Pr.236 速度12
1	0	1	1	Pr.237 速度13
1	1	0	1	Pr.238 速度14
1	1	1	1	Pr.239 速度15

注：多段速变频器运行控制仅在外部操作模式（Pr.79＝2）或PU调频外部起停模式（Pr.79＝3）下有效。

【任务拓展】

用PLC、变频器实现对电动机的4种不同运行频率的控制，控制要求如下：

（1）按下启动按钮SB1，变频器每5 s改变一次输出频率带动电动机正转，输出频率为10 Hz、20 Hz；之后变频器每8 s改变一次输出频率，带动电动机反转，输出频率为30 Hz、40 Hz。如此循环，直到按下停止按钮。

（2）按下停止按钮SB2，变频器无论在什么段速运行，都停止输出。

注：输入/输出地址分配见表5-3-3（I/O地址分配表）。

【知识测评】

1. 填空题

（1）FR-E740变频器外部操作键中，正转启动操作键为_____，反转启动操作键为_____。

（2）FR-E740变频器电源输入端子为_____，电源输出端子为_____。

（3）FR-E740变频器操作模式有_____、_____、_____、_____ 4种。

（4）用PLC控制变频器，变频器应该接到PLC的_____上。

（5）FR-E740变频器多段速控制最多可以实现_____段速度的控制。

2. 选择题

（1）多段速控制信号采用的是（　　）编码的方式。

  A. 二进制   B. 八进制   C. 十进制   D. 十六进制

（2）FR-E740 变频器中，模式选择键为（ ）。

  A. STF   B. MODE   C. SET   D. MOOD

（3）FR-E740 变频器中，参数设置确认键为（ ）

  A. STF   B. MODE   C. SET   D. MOOD

（4）FR-E740 变频器中，操作模式通过参数（ ）设置。

  A. Pr.4   B. Pr.5   C. Pr.79   D. Pr78

（5）FR-E740 变频器外部操作键中，高速控制输入端子是（ ）

  A. RH   B. RM   C. RL   D. SD

3. 应用题

  程序设计：按下启动按钮 SB1，电动机以 25 Hz 频率正转运行，10 s 后转为以 15 Hz 频率正转运行，再过 10 s 后以速度转换开关（X2、X3、X4）所选择的速度（10 Hz、20 Hz、30 Hz）运行。按下停止按钮 SB2，电动机停止运行。根据以上控制要求，完成变频器参数的设置和 PLC 程序的设计和调试。I/O 地址分配如表 5-3-4 所示。

表 5-3-4 I/O 地址分配表

	输入信号		输出信号
1	启动按钮 SB1：X000	1	STF 正转起动：Y000
2	停止按钮 SB2：X001	2	RH（多段速选择）：Y001
3	运行速度 3：X002	3	RM（多段速选择）：Y002
4	运行速度 4：X003	4	RL（多段速选择）：Y004
5	运行速度 5：X004		

任务四 PLC 与变频器在物料搬运、传送及分拣中的综合控制

【任务目标】

1. 能力目标

（1）能识别物料搬运、传送及分拣机构的各个部件。

（2）能根据电路图进行物料搬运、传送及分拣机构的电气线路安装。

（3）能根据控制任务熟练完成物料搬运、传送及分拣过程的程序设计与调试。

2. 知识目标

（1）掌握物料搬运、传送及分拣机构的电气回路。

（2）掌握物料搬运、传送及分拣过程的梯形图程序设计方法。

3. 素质目标

（1）培养学生爱岗敬业、团结合作的精神。

（2）养成安全、文明生产的良好习惯。

【工作任务】

分拣是把货物按品种从不同的地点和单位分配到所设置的场地的作业。按分拣的手段不同，可分为人工分拣、机械分拣和自动分拣。在技术日益发展的今天，以往采用人工物料分拣的企业，成产效率低下，生产成本高，无法适应激烈的市场竞争。鉴于此，应用PLC技术和变频器技术来实现物料搬运、传送及分拣系统，可自动连续地完成对物料进行识别和分拣。设备如图5-4-1所示。

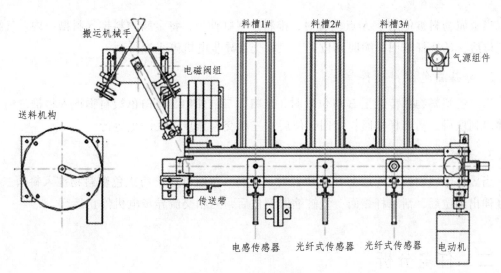

图 5-4-1　设备布局图

一、控制要求

（一）机械手复位功能

PLC上电，机械手手爪放松、手爪上伸、手臂缩回、手臂左旋至左侧限位处停止。

（二）启停控制

机械手复位后，按下启动按钮，系统开始工作。按下停止按钮，系统完成当前工作循环后停止。

（三）搬运功能

若加料站出料口有物料，其过程为机械手臂伸出 → 手爪下降 → 手爪夹紧抓物 → 0.5 s 后手爪上升 → 手臂缩回 → 手臂右旋 → 0.5 s 后手臂伸出 → 手爪下降 → 0.5 s 后，若传送带上无物料，则手爪放松、释放物料 → 手爪上升 → 手臂缩回 → 左旋至左侧限位处停止。

（四）传送功能

当传送带进入料口的光电传感器检测到物料时，变频器启动，驱动三相交流异步电机以 25 Hz 的频率正转运行，传送带自左向右传送物料。当物料分拣完毕时，传送带停止运转。

（五）分拣功能

1. 分拣金属物料

当金属物料被传送至 A 点位置时，推料一气缸伸出，将金属物料推入料槽一内。气缸伸出到位后，活塞杆缩回；缩回到位后，三相交流异步电机停止运行。

2. 分拣白色塑料物料

当白色塑料物被传送至 B 点位置时，推料二气缸伸出，将白色塑料物推入料槽二内。气缸伸出到位后，活塞杆缩回；缩回到位后，三相交流异步电机停止运行。

3. 分拣黑色塑料物料

当黑色塑料物料被传送至 C 点位置时，推料三气缸伸出，将黑色塑料物推入料槽三内。气缸伸出到位后，活塞杆缩回；气缸缩回到位后，三相交流异步电机停止运行。

二、任务分析

（一）任务流程分析

物料搬运、传送及分拣机构由供料装置、机械手搬运装置、传送分拣装置组成。其中，机械手主要由气动手爪、提升气缸、手臂伸缩气缸、旋转气缸组成；传送装置由落料口、落料检测传感器、皮带输送机和三相异步电动机组成；分拣机构由传感器、推料气缸及电磁阀组成。工作流程如图 5-4-2 所示。

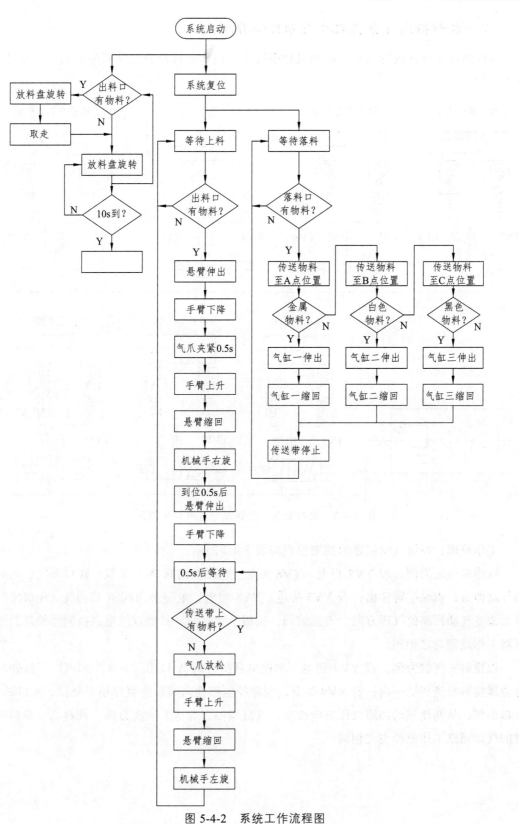

图 5-4-2　系统工作流程图

（二）物料搬运及分拣机构气动回路分析

物料搬运及分拣机构气动回路由机械手气动回路和分拣推料气动回路组成，如图 5-4-3 所示。

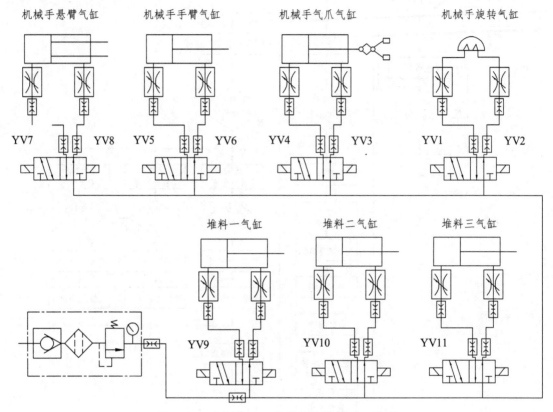

图 5-4-3　物料搬运、传送及分拣气动回路图

工作原理：系统气动回路的控制原理如表 5-4-1 所示。

以伸缩气缸为例，若 YV7 得电、YV8 失电，电磁换向阀 A 口出气、B 口回气、从而控制气缸伸出，机械手臂伸出；若 YV7 失电、YV8 得电，电磁换向阀 A 口回气、B 口出气，从而改变气动回路的气压方向，气缸缩回，机械手臂缩回。其他双控电磁换向阀控制的气动回路工作原理与之相同。

以推料一气缸为例，若 YV9 得电，单控电磁换向阀 A 口出气、B 口回气，气缸伸出，将金属物料推进料槽一内；若 YV9 失电，则单控电磁换向阀在弹簧作用下复位，A 口回气、B 口出气，从而使气动回路气压方向改变，气缸缩回，等待下一次分拣。推料二、推料三气缸的气动回路工作原理与之相同。

表 5-4-1　控制元件、执行元件状态一览表

电磁换向阀线圈得电情况											执行元件状态	机构动作
YV1	YV2	YV3	YV4	YV5	YV6	YV7	YV8	yv9	YV10	YV11		
+	-										气缸 A 正转	手臂右旋
-	+										气缸 A 反转	手臂左旋
		+	-								气动手爪 B 加紧	抓料
		-	+								气动手爪 B 放松	放料
				+	-						气缸 C 伸出	手爪下降
				-	+						气缸 C 缩回	手爪上升
						+	-				气缸 D 伸出	手臂伸出
						-	+				气缸 D 缩回	手臂缩回
								+			气缸 E 伸出	分拣金属物料
											气缸 E 缩回	等待分拣
									+		气缸 F 伸出	分拣白色物料
									-		气缸 F 缩回	等待分拣
										+	气缸 G 伸出	分拣黑色物料
										-	气缸 G 缩回	等待分拣

【任务实施】

一、设备材料表

根据设备清单准备任务实施所用材料，具体如表 5-4-2 所示。

表 5-4-2　设备清单

序号	名称	型号规格	数量	单位	备注
1	伸缩气缸套件	CXSM15-100	1	套	
2	提升气缸套件	CDJ2KB16-75-B	1	套	
3	手爪套件	MHZ2-10D1E	1	套	
4	旋转气缸套件	CDRB2BW20-180S	1	只	
5	固定支架		1	套	
6	加料站套件		1	套	
7	缓冲器		2	只	
8	传送线套件	50×700	1	套	
9	推料气缸套件	CDJ2B10-60-B	2	套	
10	料槽套件		2	套	
11	电动机及安装套件	380 V、25 W	1	套	
12	落料口		1	只	
13	电感式传感器及其支架	NSN4-2 M60-E0-AM	1	套	

序号	名称	型号规格	数量	单位	备注
14	光电传感器及其支架	GO12 MDNA-A	1	套	
15	光纤传感器及其支架	E3X-NA11	1	套	
16	磁性传感器	D-59B	1	套	
17		SIWKOD-Z73	2	套	
18		D-C73	8	套	
19	PLC 模块	FX_{2N}-48 MR	1	块	
20	按钮模块	YL157	1	块	
21	电源模块	YL046	1	块	
22	变频器模块	E740	1	块	

二、输入输出设备及 I/O 地址分配

结合控制任务要求，I/O 地址分配情况如表 5-4-3 所示。

表 5-4-3 输入/输出设备及 I/O 点分配表

输入			输出		
元件代号	功能	输入点	元件代号	功能	输出点
SB1	启动按钮	X0	YV1	手臂右旋	Y0
SB2	停止按钮	X1	YV2	手臂左旋	Y2
SCK1	气动手爪传感器	X2	YV3	手爪抓紧	Y4
SQP1	旋转左限位传感器	X3	YV4	手爪松开	Y5
SQP2	旋转右限位传感器	X4	YV5	提升气缸下降	Y6
SCK2	气动手臂伸出传感器	X5	YV6	提升气缸上升	Y7
SCK3	气动手臂缩回传感器	X6	YV7	伸缩气缸伸出	Y10
SCK4	手爪提升限位传感器	X7	YV8	伸缩气缸缩回	Y11
SCK5	手爪下降限位传感器	X10	YV9	驱动推料一伸出	Y12
SQP3	物料检测光电传感器	X11	YV10	驱动推料二伸出	Y13
SCK6	推料一气缸伸出限位传感器	X12	YV11	驱动推料三伸出	Y14
SCK7	推料一气缸缩回限位传感器	X13	STF	变频器正转	Y20
SCK8	推料二气缸伸出限位传感器	X14	RL	变频器低速	Y21
SCK9	推料二气缸缩回限位传感器	X15			
SCK10	推料三气缸伸出限位传感器	X16			
SCK11	推料三气缸缩回限位传感器	X17			
SQP4	启动推料一传感器	X20			
SQP5	启动推料二传感器	X21			
SQP6	启动推料三传感器	X22			
SQP7	落料口检测光电传感器	X23			

三、PLC 外部接线原理图

根据电气控制原理图进行电气线路安装，物料搬运、传送及分拣的 PLC 外部接线原理图如图 5-4-4 所示。

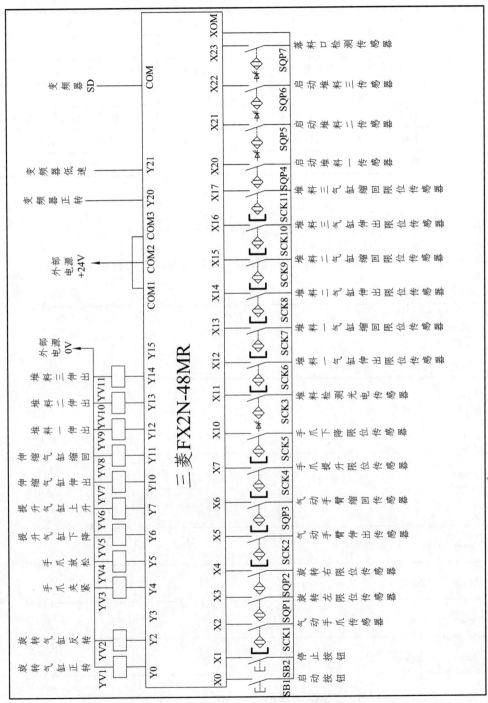

图 5-4-4　物料搬运、传送及分拣机构电路图

四、变频器参数设定

根据控制要求对三菱变频器 E740 进行参数设定，如表 5-4-4 所示。

表 5-4-4　变频器参数设定表

序号	参数	名称	设定值	备注
1	Pr.1	上限频率	50 Hz	
2	Pr.2	下限频率	0 Hz	
6	Pr.6	3 速设定（低速）	25 Hz	
7	Pr.7	加速时间	2	传送带启动加速时间
8	Pv8	减速时间	0.5 s	传送带停止制动时间
10	Pr.79	运行模式选择	2	外部操作模式

五、程序设计

根据控制要求，按照 I/O 分配地址进行梯形图程序编写。参考程序见图 5-4-5。

```
33 ─────────────────────────────────────────────[STL    S20  ]

      X005
34 ───│/├──────────────────────────────────────────(Y010  )

      X005   X010
36 ───│ ├───│/├─────────────────────────────────────(Y006  )

      X010   X002
39 ───│ ├───│/├─────────────────────────────────────(Y004  )

      X002                                             K5
42 ───│ ├──────────────────────────────────────────(T1   )

      T1
46 ───│ ├──────────────────────────────────────[SET    S21  ]

49 ─────────────────────────────────────────────[STL    S21  ]

      X007
50 ───│/├──────────────────────────────────────────(Y007  )

      X007   X006
52 ───│ ├───│/├─────────────────────────────────────(Y011  )

      X006   X004
55 ───│ ├───│/├─────────────────────────────────────(Y000  )

      X004                                             K5
58 ───│ ├──────────────────────────────────────────(T2   )

      T2
62 ───│ ├──────────────────────────────────────[SET    S22  ]

65 ─────────────────────────────────────────────[STL    S22  ]

66 ────────────────────────────────────────────────(Y010  )

      X005   X010
67 ───│ ├───│/├─────────────────────────────────────(Y006  )

      X010                                             K5
70 ───│ ├──────────────────────────────────────────(T3   )

      T3    Y020
74 ───│ ├───│/├─────────────────────────────────────(Y005  )

      X002
77 ───│/├──────────────────────────────────────[SET    S23  ]

80 ─────────────────────────────────────────────[STL    S23  ]

      X007
81 ───│/├──────────────────────────────────────────(Y007  )

      X007   X006
83 ───│ ├───│/├─────────────────────────────────────(Y011  )
```

```
      X006      X003
86    ├─┤├──────┤/├─────────────────────────────────────(Y002    )

      X003
89    ├─┤├──────────────────────────────────────[SET    S0      ]

92    ────────────────────────────────────────────[RET           ]

      M8002
93    ├─┤├──────────────────────────────────────[SET    S1      ]
      M1
      ├─┤↑├──┘

98    ────────────────────────────────────────────[STL    S1      ]

      M1     X013     X015     X017     X023
99    ├─┤├──┤├──────┤├──────┤├──────┤├─────[SET    S30     ]
      M2
      ├─┤├──┘

107   ────────────────────────────────────────────[STL    S30     ]

108   ──────────┬───────────────────────────[SET    Y020    ]
                └──────────────────────────[SET    Y021    ]

      X020
110   ├─┤├──────────────────────────────────────[SET    S31     ]

      X021
113   ├─┤├──────────────────────────────────────[SET    S41     ]

      X022
116   ├─┤├──────────────────────────────────────[SET    S51     ]

119   ────────────────────────────────────────────[STL    S31     ]

120   ──────────────────────────────────────────(Y012    )

      X012
121   ├─┤├──────────────────────────────────────[SET    S32     ]

124   ────────────────────────────────────────────[STL    S32     ]

      X013
125   ├─┤├──────────────────────────────────────[SET    S33     ]

128   ────────────────────────────────────────────[STL    S41     ]

129   ──────────────────────────────────────────(Y013    )
```

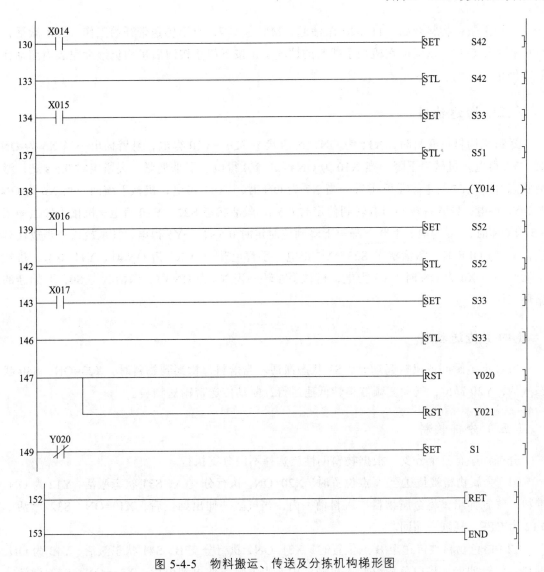

图 5-4-5　物料搬运、传送及分拣机构梯形图

六、识读梯形图

（一）机械手复位控制

PLC 上电瞬间或机构起动时，S0 状态激活，机械手复位；机械手气爪放松、手臂上升、悬臂缩回、左旋转至左侧限位处停止。

（二）启停控制

按下启动按钮，X0=ON，M1 为 ON 并并且保持，为激活 S20、S30 状态提供了必要条件。按下停止按钮，X1=ON，M1 为 OFF，S0 向 S20、S1 向 S30 状态转移的条件缺失，故程序执行完当前工作循环后停止。

机械手搬运物料开始，自 S20 激活起，M2 为 ON，直至传送带开始工作，S30 激活，M2 才变为 OFF，以保证在机械手抓料的情况下，按下停止按钮后机构仍继续完成当前动作后才停止。

（三）搬运物料

送料机构料口有料时，X11 为 ON，激活状态 S20→Y10 得电，悬臂伸出→当 X5 为 ON 时，Y6 得电，机械手下降→当 X10 为 ON 时，Y4 得电，手爪夹紧，夹紧定时 0.5 s 到，激活状态 S21→Y7 得电，手臂上升→当 X7 为 ON 时，Y11 得电，机械手缩回→当 X6 为 ON 时，Y0 得电，悬臂右转→当右转到位定时 0.5 s，激活状态 S22→Y10 得电，机械手伸出→当 X5 为 ON 时，Y6 得电，手臂下降→下降到位时定时 0.5 s，→Y5 得电，气爪放松→当放松到位，X2 为 OFF 时，激活状态 S23→Y7 得电，手臂上升→当 X7 为 ON 时，Y11 得电，机械手缩回→当 X6 为 ON 时，Y2 得电，机械手左转→当 X3 为 ON 时，激活状态 S0，开始新的循环工作。

（四）传送物料

PLC 上电瞬间或机构起动时，S1 状态激活。当落料口检测到物料时，X23=ON，S30 状态激活，Y20 置位，气动变频器正转低速运行，驱动传送带输送物料。

（五）分拣物料

分拣程序有三个分支，根据物料的性质选择不同分支执行。

（1）金属物料被传送至 A 点位置时，X20=ON，执行分支 A，S31 状态激活，Y12 为 ON，推料一气缸伸出，将金属物料推入料槽一内，当气缸一伸出到位后，X12=ON，S32 激活，Y12 为 OFF，气缸一缩回。

（2）白色物料被传送至 B 点位置时，X21=ON，执行分支 B，S41 状态激活，Y13 为 ON，推料二气缸伸出，将白色物料推入料槽二内，当气缸二伸出到位后，X14=ON，S42 激活，Y13 为 OFF，气缸二缩回。

（3）黑色物料被传送至 C 点位置时，X22=ON，执行分支 C，S51 状态激活，Y14 为 ON，推料三气缸伸出，将黑色物料推入料槽三内，当气缸三伸出到位后，X16=ON，S52 激活，Y14 为 OFF，气缸三缩回。

程序的状态转移图如图 5-4-6 所示。

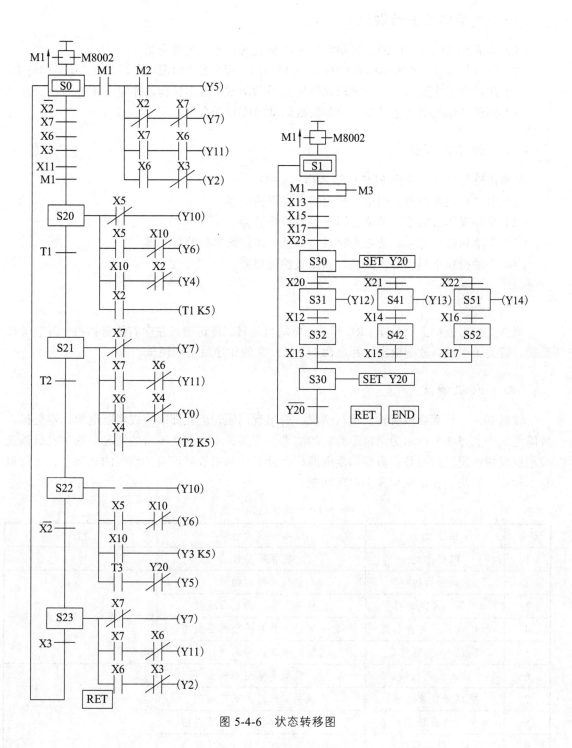

图 5-4-6 状态转移图

七、设备调试

（一）气动回路手动调试

（1）接通空气压缩机电源，启动空压机压缩空气，等待气源充足。

（2）将气源压力调整到 0.4 ~ 0.5 MPa，开启气阀。观察有无泄漏现象，若有，应立即解决。

（3）在正常工作压力下，对气动回路进行手动调试，直至机构动作完全正常为止。

（4）调整节流阀至合适开度，使各气缸运动速度趋于合理。

（二）传感器调试

调整传感器位置，观察 PLC 的输入指示 LED。

（1）出料口放置物料，调整、固定物料检测传感器。

（2）手动操作机械手，调整、固定各限位传感器。

（3）在落料口中先后放置三类物料，调整、固定物料检测传感器。

（4）手动操作推料气缸，调整、固定磁性传感器。

（三）变频器调试

闭合变频器模块上的 STF、RL 开关，电动机运转，传送带自左向右传送物料。若电动机反转，需关闭电源，改变输出三相电源 U、V、W 的相序后重新调试。

（四）联机调试

接通 PLC，认真观察机构的运行情况，若出现问题，应立即解决或切断电源，避免扩大故障范围。表 5-4-5 所示为调试正确后的结果，若调试中有与之不符的情况，施工人员首先应根据现场情况，判断是否需要切断电源，在分析、判断故障形成的原因的基础上，进行调整、检修、解决，直至机构完全实现功能。

表 5-4-5　调试结果一览表

步骤	操作过程	设备实现的功能	备注
1	PLC 上电	机械手复位	
2	放入金属物料	机械手搬运物料	
3	机械手释放物料	机械手复位，传送带运转	搬运、传送、分拣金属物料
4	物料传送至 A 点位置	气缸一伸出，物料被分拣至料槽一	
5	气缸一伸出到位后	气缸一缩回，传送带停转	
6	放入白色物料	机械手搬运物料	
7	机械手释放物料	机械手复位，传送带运转	搬运、传送、分拣白色物料
8	物料传送至 B 点位置	气缸二伸出，物料被分拣至料槽二	
9	气缸二伸出到位后	气缸二缩回，传送带停转	

步骤	操作过程	设备实现的功能	备注
10	放入黑色物料	机械手搬运物料	
11	机械手释放物料	机械手复位，传送带运转	搬运、传送、分拣黑色物料
12	物料传送至 C 点位置	气缸三伸出，物料被分拣至料槽三	
13	气缸三伸出到位后	气缸三缩回，传送带停转	
14	重新加料，按下停止按钮 SB2，机构完成当前工作循环后停止工作		

【任务评价】

检测项目	评分标准	分值	学生自评	小组评分	教师评分
电路连接	正确进行电路连接、工艺合理	10			
参数设置	正确设定变频器参数	10			
程序输入	能熟练进行梯形图程序的输入	10			
供料系统	设备启停正常	10			
机械手搬运	机械手正确动作	20			
传送分拣	按要求识别物料并分拣	20			
团队协作	小组协调、合作	10			
职业素养	安全规范操作、着装、工位清洁等	10			
总分		100			

【知识点】

一、电路连接

按照要求检查电源状态、准备图样、工具及线管号。电路连接应符合工艺、安全规范要求，所有导线应置于线槽内。导线与端子排连接时，应套线号管并及时编号，避免错编、漏编。插入端子排的连接线必须接触良好且紧固。

二、气动回路连接方法

快速接头与气管对接。气管插入接头时，应用手拿着气管端部轻轻压入，使气管通过弹簧片和密封圈到达底部，保证气动回路连接可靠、牢固、密封；气管从接头拔出时，应用手将管子向接头里推一下，然后压下接头上的压紧圈再拔出，禁止强行拔出。用软管连接气路时，不允许急剧弯曲，通常弯曲半径应大于其外径的 9~10 倍。管路的走向要合理，尽量平行布置，力求最短，弯曲要少且平缓，避免直角弯曲。

三、传感器安装调试

在生产线的工件生产和加工过程中，经常需要对不同材质或不同颜色的工件进行不同的处理，只有识别出工件的种类才能完成相应的成产加工。在本系统的物料分拣环节中，为了实现对物料的识别与分拣，使用了光电传感器、电感传感器、光纤式传感器和磁性传感器。

（1）电感式接近传感器由高频震荡、检波、放大、触发及输出电路等组成。震荡器在传感器检测面产生一个交变电磁场，当金属物料接近传感器检测面时，金属中产生的涡流吸收了震荡器的能量，使震荡减弱以至停滞。震荡器的震荡及停振这两种状态，转换为电信号通过整形放大器转换成二进制的开关信号，经功率放大后输出。

（2）光电传感器是一种红外调制型无损检测光电传感器。采用高效红外发光二极管\光敏三极管作为光电转换元件。工作方式分为同轴反射型和对射型。在本实训装置中均采用同轴反射型光电传感器，它们具有体积小、使用简单、性能稳定、寿命长、响应速度快、抗冲击、耐震动，不受外界干扰等优点。

（3）磁性传感器是用来检测气缸活塞位置的，即用于检测活塞的运动行程，分为有触点式和无触点式两种。本装置上用的磁性传感器均为有触点式；它是通过机械触点的动作进行开关的通（ON）断（OFF）。用磁性传感器来检测活塞的位置，从设计、加工、安装、调试等方面看都比使用其他限位开关方式简单、省时。触点接触电阻小，一般为 $50 \sim 200 \text{ m}\Omega$，但可通过电流小，过载能力较差，只适合低压电路。触点接触的优点是响应快（动作时间为 1.2 ms）、耐冲击（冲击加速度可达 300 m/s^2）、无漏电流存在。

本系统所使用的传感器外形如图 5-4-7 所示。

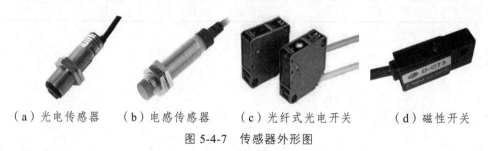

（a）光电传感器　　（b）电感传感器　　（c）光纤式光电开关　　（d）磁性开关

图 5-4-7　传感器外形图

使用注意事项：

（1）安装时，不得让开关受过大的冲击力，如抛扔开关等。

（2）不要把控制信号线与电力线（如电动机供电线等）平行并排在一起，以防止磁性传感器的控制电路由于干扰造成误动作。

（3）磁性传感器的连接线不能直接接到电源上，必须串接负载，且负载绝不能短路，以免开关烧坏。

（4）带指示灯的有触点磁性传感器，当电流超过最大允许电流时，发光二极管会损坏；若电流在规定范围以下，发光二极管会变暗或不亮。

（5）安装时，开关的导线不要随气缸运动，这样不仅仅易折断导线，也有可能破坏开关内部元件。

（6）磁性传感器不要用于有磁场的场合，这样会造成开关的误动作，或者使内部磁环减磁。

（7）DC 24 V 带指示灯的开关是有极性的，棕色线为"+"，蓝色线为"-"；本实训装置中所用到的均为 DC 24 V 带指示灯的有触点开关。

四、设备调试

为确保调试工作的顺利进行，避免事故的发生，施工人员必须进一步确认设备机械组装及电路安装的正确性、安全性，做好设备调试前的各项准备工作。

（1）检查机械部分动作是否完全正常。

（2）检查电路连接的正确性，严禁短路现象，加强传感器接线的检查，避免因接线错误而烧毁传感器。

（3）检查气动回路连接的正确性、可靠性，绝不允许调试过程中有气管脱出现象。

五、现场清理

设备调试完毕，要求施工人员清点工具、归类整理资料、清扫现场卫生，并填写设备安装登记表。

（1）清点工具。对照清单、归类整理资料、清扫现场卫生，填写实验登记表。

（2）资料整理。整理归类技术说明书、电器元件明细表、设备电路图、梯形图、安装图等资料。

（3）清扫设备周围卫生，保持环境整洁。

【任务拓展】

物料传动及分拣机构的改造要求及任务如下：

一、功能要求

（一）机械手复位功能

PLC上电，机械手手爪放松、手爪上伸、手臂缩回、手臂左旋至左侧限位处停止。

（二）搬运功能

若加料站出料口有物料，运行过程为机械手臂伸出→手爪下降→手爪夹紧抓物→0.5 s后手爪上升→手臂缩回→手臂右旋→0.5 s后手臂伸出→手爪下降→0.5 s后，若传送带上无物料，则手爪放松、释放物料→手爪上升→手臂缩回→左旋至左侧限位处停止。

（三）传送功能

当传动带入料口的光电传感器检测到物料时，变频器气动，驱动三相交流异步电动机以 25 Hz 的频率正转运行，传送带开始输送物料，分拣完毕，传送带停止运转。

（四）分拣功能

1. 分拣黑色物料

当推料一传感器检测到黑色物料时，推料一气缸动作，将黑色物推入料槽一内。当推料一气缸伸出限位传感器检测到活塞杆伸出到位后，活塞杆缩回；缩回限位传感器检测气缸缩回到位后，三相异步电动机停止运行。

2. 分拣金属物料

当推料二传感器检测到金属物料时，推料二气缸动作，将黑色物推入料槽二内。当推料二气缸伸出限位传感器检测到活塞杆伸出到位后，活塞杆缩回；缩回限位传感器检测气缸缩回到位后，三相异步电动机停止运行。

3. 分拣白色物料

当推料三传感器检测到白色物料时，推料三气缸动作，将白色物推入料槽三内。当推料三气缸伸出限位传感器检测到活塞杆伸出到位后，活塞杆缩回；缩回限位传感器检测气缸缩回到位后，三相异步电动机停止运行。

（五）打包报警功能

当料槽中已有 5 个物料时，要求物料打包取走，打包指示灯点亮，以 0.5 s 的周期闪烁，并发出报警声，5 s 后继续搬运、传送及分拣工作。

二、技术要求

（1）按下启动按钮，机构开始工作。
（2）按下停止按钮，机构完成当前工作循环后停止。
（3）按下急停按钮，机构立即停止工作。

三、工作任务

（1）按机构要求画出电路图。
（2）按机构要求画出气路图。
（3）按机构要求编写 PLC 控制程序。

【知识测评】

1. 简述物料搬运、传送及分拣系统的工作流程。

2. 分析变频器加、减速时间的参数设置对物料分拣的影响。

3. 改造设备以实现组合分拣功能。控制要求如下：

（1）料槽一内推入的物料为金属物料与黑色物料的组合（对第一个物料不作限制）；料槽二内推入的物料为金属物料与白色物料的组合（对第一个物料不作限制）。

（2）A点位置分拣功能。对于A点位置符合要求的物料由气缸一推入料槽一内，而不符合要求的物料则继续以25 Hz的频率向左传送。

（3）B点位置分拣功能。对于B点位置符合要求的物料由气缸二推入料槽二内，而不符合要求的物料则继续以25 Hz的频率向左传送。

（4）C点位置推料功能。当所有不符合的物料到达C点位置时，由气缸三推入料槽内。

根据要求绘制状态转移图，并进行编程，上机调试。

附　录

附录一　FX₂ₙ系列 PLC 基本指令一览表

序号	名称	功能	回路表示及对象软元件
1	[LD]取	运算开始 a 触点	XYMSTC
2	[LDI]取反	运算开始 b 触点	XYMSTC
3	[LDP]取脉冲上升沿	上升沿检测运算开始	XYMSTC
4	[LDF]取脉冲下降沿	下降沿检测运算开始	XYMSTC
5	[AND]与	串联连接 a 触点	XYMSTC
6	[ANI]与非	串联连接 b 触点	XYMSTC
7	[ANDP]与脉冲上升沿	上升沿检测串联连接	XYMSTC
8	[ANDF]与脉冲下降沿	下降沿检测串联连接	XYMSTC
9	[OR]或	并联连接 a 触点	XYMSTC

续表

序号	名称	功能	回路表示及对象软元件
10	[ORI]或非	并联连接 b 触点	XYMSTC
11	[ORP] 或脉冲上升沿	上升沿检测并联连接	XYMSTC
12	[ORF]或脉冲下降沿	下降沿检测并联连接	XYMSTC
13	[ANB]回路快与	回路块间用串联连接	
14	[ORB]回路块或	回路块用并联连接	
15	[OUT]输出	线圈驱动指令	YMSTC
16	[SET]置位	动作线圈保持指令	SET YMS
17	[RST]复位	解除保持的线圈动作指令	RST YMSTCD
18	[PLS]上升沿脉冲	上升沿检测线圈指令	PLS YM
19	[PLF]下降沿脉冲	下降沿检测线圈指令	PLF YM

序号	名称	功能	回路表示及对象软元件
20	[MC]主控	通用串联触点用线圈指令	MC N YM
21	[MCR]主控复位	通用串联触点解除指令	MCR N
22	[MPS]进栈	运算存储	MPS
23	[MRD]读栈	读出存储	MRD
24	[MPP]出栈	读出存储并复位	MPP
25	[INV]取反	运算结果的反转	INV
26	[NOP]无程序	空操作	用于删除程序或者留出程序空间
27	[END]结束	程序结束	程序结束，返回第 0 步
28	[STL]步进梯形图	步进梯形图的开始	S
29	[RET]返回	步进梯形图的结束	RET

附录二　三菱 FX₂ₙ 系列 PLC 功能指令一览表

分类	FNC NO.	指令助记符	功能说明	对应不同型号的 PLC				
				FX0S	FX0N	FX1S	FX1N	FX2N FX2NC
程序流程	00	CJ	条件跳转	✓	✓	✓	✓	✓
	01	CALL	子程序调用	×	×	✓	✓	✓
	02	SRET	子程序返回	×	×	✓	✓	✓
	03	IRET	中断返回	✓	✓	✓	✓	✓
	04	EI	开中断	✓	✓	✓	✓	✓
	05	DI	关中断	✓	✓	✓	✓	✓
	06	FEND	主程序结束	✓	✓	✓	✓	✓
	07	WDT	监视定时器刷新	✓	✓	✓	✓	✓
	08	FOR	循环的起点与次数	✓	✓	✓	✓	✓
	09	NEXT	循环的终点	✓	✓	✓	✓	✓
传送与比较	10	CMP	比较	✓	✓	✓	✓	✓
	11	ZCP	区间比较	✓	✓	✓	✓	✓
	12	MOV	传送	✓	✓	✓	✓	✓
	13	SMOV	位传送	×	×	×	×	✓
	14	CML	取反传送	×	×	×	×	✓
	15	BMOV	成批传送	×	✓	✓	✓	✓
	16	FMOV	多点传送	×	×	×	×	✓
	17	XCH	交换	×	×	×	×	✓
	18	BCD	二进制转换成 BCD 码	✓	✓	✓	✓	✓
	19	BIN	BCD 码转换成二进制	✓	✓	✓	✓	✓

续表

分类	FNC NO.	指令助记符	功能说明	对应不同型号的 PLC				
				FX0S	FX0N	FX1S	FX1N	FX2N FX2NC
算术与逻辑运算	20	ADD	二进制加法运算	✓	✓	✓	✓	✓
	21	SUB	二进制减法运算	✓	✓	✓	✓	✓
	22	MUL	二进制乘法运算	✓	✓	✓	✓	✓
	23	DIV	二进制除法运算	✓	✓	✓	✓	✓
	24	INC	二进制加 1 运算	✓	✓	✓	✓	✓
	25	DEC	二进制减 1 运算	✓	✓	✓	✓	✓
	26	WAND	字逻辑与	✓	✓	✓	✓	✓
	27	WOR	字逻辑或	✓	✓	✓	✓	✓
	28	WXOR	字逻辑异或	✓	✓	✓	✓	✓
	29	NEG	求二进制补码	✗	✗	✗	✗	✓
循环与移位	30	ROR	循环右移	✗	✗	✗	✗	✓
	31	ROL	循环左移	✗	✗	✗	✗	✓
	32	RCR	带进位右移	✗	✗	✗	✗	✓
	33	RCL	带进位左移	✗	✗	✗	✗	✓
	34	SFTR	位右移	✓	✓	✓	✓	✓
	35	SFTL	位左移	✓	✓	✓	✓	✓
	36	WSFR	字右移	✗	✗	✗	✗	✓
	37	WSFL	字左移	✗	✗	✗	✗	✓
	38	SFWR	FIFO（先入先出）写入	✗	✗	✓	✓	✓
	39	SFRD	FIFO（先入先出）读出	✗	✗	✓	✓	✓
数据处理	40	ZRST	区间复位	✓	✓	✓	✓	✓
	41	DECO	解码	✓	✓	✓	✓	✓
	42	ENCO	编码	✓	✓	✓	✓	✓
	43	SUM	统计 ON 位数	✗	✗	✗	✗	✓

分类	FNC NO.	指令助记符	功能说明	对应不同型号的 PLC				
				FX0S	FX0N	FX1S	FX1N	FX2N FX2NC
数据处理	44	BON	查询位某状态	×	×	×	×	✓
	45	MEAN	求平均值	×	×	×	×	✓
	46	ANS	报警器置位	×	×	×	×	✓
	47	ANR	报警器复位	×	×	×	×	✓
	48	SQR	求平方根	×	×	×	×	✓
	49	FLT	整数与浮点数转换	×	×	×	×	✓
高速处理	50	REF	输入输出刷新	✓	✓	✓	✓	✓
	51	REFF	输入滤波时间调整	×	×	×	×	✓
	52	MTR	矩阵输入	×	×	✓	✓	✓
	53	HSCS	比较置位（高速计数用）	×	✓	✓	✓	✓
	54	HSCR	比较复位（高速计数用）	×	✓	✓	✓	✓
	55	HSZ	区间比较（高速计数用）	×	×	×	×	✓
	56	SPD	脉冲密度	×	×	✓	✓	✓
	57	PLSY	指定频率脉冲输出	✓	✓	✓	✓	✓
	58	PWM	脉宽调制输出	✓	✓	✓	✓	✓
	59	PLSR	带加减速脉冲输出	×	×	✓	✓	✓
方便指令	60	IST	状态初始化	✓	✓	✓	✓	✓
	61	SER	数据查找	×	×	×	×	✓
	62	ABSD	凸轮控制（绝对式）	×	×	×	×	✓
	63	INCD	凸轮控制（增量式）	×	×	×	×	✓
	64	TTMR	示教定时器	×	×	×	×	✓
	65	STMR	特殊定时器	×	×	×	×	✓
	66	ALT	交替输出	✓	✓	✓	✓	✓
	67	RAMP	斜波信号	✓	✓	✓	✓	✓

分类	FNC NO.	指令助记符	功能说明	对应不同型号的 PLC				
				FX0S	FX0N	FX1S	FX1N	FX2N FX2NC
方便指令	68	ROTC	旋转工作台控制	✕	✕	✕	✕	✓
	69	SORT	列表数据排序	✕	✕	✕	✕	✓
外部 I/O 设备	70	TKY	10 键输入	✕	✕	✕	✕	✓
	71	HKY	16 键输入	✕	✕	✕	✕	✓
	72	DSW	BCD 数字开关输入	✕	✕	✓	✓	✓
	73	SEGD	七段码译码	✕	✕	✕	✕	✓
	74	SEGL	七段码分时显示	✕	✕	✓	✓	✓
	75	ARWS	方向开关	✕	✕	✕	✕	✓
	76	ASC	ASCI 码转换	✕	✕	✕	✕	✓
	77	PR	ASCI 码打印输出	✕	✕	✕	✕	✓
	78	FROM	BFM 读出	✕	✓	✕	✓	✓
	79	TO	BFM 写入	✕	✓	✕	✓	✓
外围设备 SER	80	RS	串行数据传送	✕	✓	✓	✓	✓
	81	PRUN	八进制位传送（#）	✕	✕	✓	✓	✓
	82	ASCI	16 进制数转换成 ASCII 码	✕	✓	✓	✓	✓
	83	HEX	ASCII 码转换成 16 进制数	✕	✓	✓	✓	✓
	84	CCD	校验	✕	✓	✓	✓	✓
	85	VRRD	电位器变量输入	✕	✕	✓	✓	✓
	86	VRSC	电位器变量区间	✕	✕	✓	✓	✓
	87	—	—					
	88	PID	PID 运算	✕	✕	✓	✓	✓
	89	—	—					
浮点数运算	110	ECMP	二进制浮点数比较	✕	✕	✕	✕	✓
	111	EZCP	二进制浮点数区间比较	✕	✕	✕	✕	✓

分类	FNC NO.	指令助记符	功能说明	对应不同型号的 PLC				
				FX0S	FX0N	FX1S	FX1N	FX2N FX2NC
浮点数运算	118	EBCD	二进制浮点数→十进制浮点数	×	×	×	×	✓
	119	EBIN	十进制浮点数→二进制浮点数	×	×	×	×	✓
	120	EADD	二进制浮点数加法	×	×	×	×	✓
	121	EUSB	二进制浮点数减法	×	×	×	×	✓
	122	EMUL	二进制浮点数乘法	×	×	×	×	✓
	123	EDIV	二进制浮点数除法	×	×	×	×	✓
	127	ESQR	二进制浮点数开平方	×	×	×	×	✓
	129	INT	二进制浮点数→二进制整数	×	×	×	×	✓
	130	SIN	二进制浮点数 sin 运算	×	×	×	×	✓
	131	COS	二进制浮点数 cos 运算	×	×	×	×	✓
	132	TAN	二进制浮点数 tan 运算	×	×	×	×	✓
	147	SWAP	高低字节交换	×	×	×	×	✓
定位	155	ABS	ABS 当前值读取	×	×	✓	✓	×
	156	ZRN	原点回归	×	×	✓	✓	×
	157	PLSY	可变速的脉冲输出	×	×	✓	✓	×
	158	DRVI	相对位置控制	×	×	✓	✓	×
	159	DRVA	绝对位置控制	×	×	✓	✓	×
时钟运算	160	TCMP	时钟数据比较	×	×	✓	✓	✓
	161	TZCP	时钟数据区间比较	×	×	✓	✓	✓
	162	TADD	时钟数据加法	×	×	✓	✓	✓
	163	TSUB	时钟数据减法	×	×	✓	✓	✓
	166	TRD	时钟数据读出	×	×	✓	✓	✓
	167	TWR	时钟数据写入	×	×	✓	✓	✓
	169	HOUR	计时仪（长时间检测）	×	×	✓	✓	✓

分类	FNC NO.	指令助记符	功能说明	对应不同型号的 PLC				
				FX0S	FX0N	FX1S	FX1N	FX2N FX2NC
格雷码变换	170	GRY	二进制数→格雷码	×	×	×	×	✓
	171	GBIN	格雷码→二进制数	×	×	×	×	✓
	176	RD3A	模拟量模块（FX0N-3A）A/D 数据读出	×	✓	×	×	×
	177	WR3A	模拟量模块（FX0N-3A）D/A 数据写入	×	✓	×	✓	×
触点比较	224	LD=	（S1）=（S2）时起始触点接通	×	×	✓	✓	✓
	225	LD>	（S1）>（S2）时起始触点接通	×	×	✓	✓	✓
	226	LD<	（S1）<（S2）时起始触点接通	×	×	✓	✓	✓
	228	LD<>	（S1）≠（S2）时起始触点接通	×	×	✓	✓	✓
	229	LD≤	（S1）≤（S2）时起始触点接通	×	×	✓	✓	✓
	230	LD≥	（S1）≥（S2）时起始触点接通	×	×	✓	✓	✓
	232	AND=	（S1）=（S2）时串联触点接通	×	×	✓	✓	✓
	233	AND>	（S1）>（S2）时串联触点接通	×	×	✓	✓	✓
	234	AND<	（S1）<（S2）时串联触点接通	×	×	✓	✓	✓
	236	AND≠	（S1）≠（S2）时串联触点接通	×	×	✓	✓	✓
	237	AND≤	（S1）≤（S2）时串联触点接通	×	×	✓	✓	✓
	238	AND≥	（S1）≥（S2）时串联触点接通	×	×	✓	✓	✓
	240	OR=	（S1）=（S2）时并联触点接通	×	×	✓	✓	✓
	241	OR>	（S1）>（S2）时并联触点接通	×	×	✓	✓	✓
	242	OR<	（S1）<（S2）时并联触点接通	×	×	✓	✓	✓
	244	OR≠	（S1）≠（S2）时并联触点接通	×	×	✓	✓	✓
	245	OR≤	（S1）≤（S2）时并联触点接通	×	×	✓	✓	✓
	246	OR≥	（S1）≥（S2）时并联触点接通	×	×	✓	✓	✓

附录三　三菱 E700 系列变频器参数表

　　变频器参数出厂设定值均被设置为完成简单的变速运行，如要进行实际的项目操作，则应重新设定某些参数，可通过面板按键来实现参数的设定、修改和确定。设定参数之前，必须先选择参数号。设定参数分为两种情况：一种是在停机 STOP 方式下重新设定参数，这时可以设定所有参数；另一种是运行时也可设定，这是只能设定一部分功能参数。FR-E740 变频器参数表见附表。

功能	参数号	名称	最小单位	初始值	范围	备注内容
基本功能	0	转矩提升	0.10%	6%/4%/3%/2%/1%	0~30%	初始值根据变频器容量的不同而定
	1	上限频率	0.01 Hz	120/60 Hz	0~120 Hz	设定输出频率的上限
	2	下线频率	0.01 Hz	0 Hz	0~120 Hz	设定输出频率的下限
	3	基准频率	0.01 Hz	0 Hz	0~400 Hz	设定电动机的额定频率（50/60 Hz）
	4	多段速设定（高速）	0.01 Hz	50 Hz	0~400 Hz	设定 RH-ON 时频率
	5	多段速设定（中速）	0.01 Hz	30 Hz	0~400 Hz	设定 RM-ON 时频率
	6	多段速设定（低速）	0.01 Hz	10 Hz	0~400 Hz	设定 RL-ON 时频率
	7	加速时间	0.1/0.01 s	5 s/15 s	0~3 600/360 s	初始设定值根据变频器容量的不同而定（7.5 kW 以下/11 kW 以上）
	8	减速时间	0.1/0.01 s	5 s/15 s	0~3 600/360 s	初始设定值根据变频器容量的不同而定（7.5 kW 以下/11 kW 以上）
	9	电子过流保护	0.01/0.1 A	额定输出电流	0~500/3 600 A	根据变频器容量的不同而定（7.5 kW 以下/11 kW 以上）

功能	参数号	名称	最小单位	初始值	范围	备注内容
直流制动	10	直流制动动作频率	0.01 Hz	3/0.5 Hz	0～120 Hz	从矢量控制以外的控制方式变为矢量控制时，初始值从 3 Hz 变为 0.5 Hz
					9 999	输出频率低于 Pr.13 启动频率时动作
	11	直流制动动作时间	0.1 s	0.5 s	0	无直流制动
					0.1～10 s	设定直流制动的动作时间
					8 888	在 X13 信号为 ON 期间动作
	12	直流制动动作电压	0.10%	4%/2%/1%	0.1%～30%	根据变频器容量的不同而定（ 7.5 kW 以下/11 kW～55 kW/75 kW 以上）
标准运行功能	13	启动频率	0.01 Hz	0.5 Hz	0～60 Hz	可以设定启动时的频率
	14	适用负载选择	1	0	0	用于恒定转矩负荷
					1	用于低转矩负荷
					2	恒转矩升降用 反转时提升0%
					3	正转时提升0%
					4	RT 信号 ON，恒转矩负荷用（同 0）RT 信号 OFF，恒转矩升降用（同 2）反转时提升0%
					5	RT 信号 ON，恒转矩负荷用（同 0）RT 信号 OFF，恒转矩升降用（同 3）正转时提升0%
	15	电动频率	0.01 Hz	5 Hz	0～400 Hz	设定电动时的频率
	16	点动加减速时间	0.1/0.01 s	0.5 s	0～360/360 s	加减速时间设定为加速到 Pr.20 中设定的加减速基准频率的时间
	17	MRS 输入选择	1	0	0	动断输入
					2	动合输入
					4	外部端子:常闭输入,通信:常开输出
	18	高速上限频率	0.01 Hz	120/60 Hz	120～400 Hz	在 120 Hz 以上运转时用，根据变频器容量而定（55 kW 以下/75 kW 以上）

功能	参数号	名称	最小单位	初始值	范围	备注内容
标准运行功能	19	基准频率电压	0.1 V	9999	0~1 000 V	设定基准电压
					8 888	电源电压的95%
					9 999	与电源电压一样
	20	加减速基准频率	0.01 Hz	50 Hz	1~400 Hz	设定加减速时间的基准频率
	21	加减速时间单位	1	0	0	单位：0.1 s，范围：0~3 600 s
					1	单位：0.01 s，范围：0~360 s
	22	失速防止动作水平	0.1%	150%	0	失速防止动作无效
					0.1%~400%	可设定失速防止动作开始的电流值
	23	倍速时失速防止动作水平补偿系数	0.1%	9999	0~200%	可降低额定频率以上的高速运行时的失速动作水平
					9 999	一律 Pr.22
多段速设定	24	多段速设定 4	0.01 Hz	9999	0~400 Hz/9 999	用 RH, RM, RL, REX 的组合来设定4~5速的频率，设定为9 999：不选择
	25	多段速设定 5	0.01 Hz	9999		
	26	多段速设定 6	0.01 Hz	9999		
	27	多段速设定 7	0.01 Hz	9999		
	28	多段速补偿选择	1	0	0	无补偿
					1	有补偿
避免机械共振	31	频率跳变 1A	0.01 Hz	9999	0~400 Hz/9 999	1A-1B，2A-2B，3A-3B 为跳变的频率，9 999 为功能无效
	32	频率跳变 1B	0.01 Hz	9999		
	33	频率跳变 2A	0.01 Hz	9999		
	34	频率跳变 2B	0.01 Hz	9999		
	35	频率跳变 3A	0.01 Hz	9999		
	36	频率跳变 3B	0.01 Hz	9999		
标准运行功能	42	频率检测	0.01 Hz	6Hz	0~400 Hz	设定 FU（FB）置为 ON 时的频率
	44	第二加减速时间	0.1/0.01 s	5 s	0~3 600/360 s	设定 RT 信号为 ON 时的加减速时间
	45	第二减速时间	0.1/0.01 s	9999	0~3 600/360 s，9 999	设定 RT 信号为 ON 时的减速时间，设定为9999 时加速时间=减速时间

续表

功能	参数号	名称	最小单位	初始值	范围	备注内容
标准运行功能	50	地儿频率检测	0.01 Hz	30 Hz	0 ~ 400 Hz	设定 FU2（FB2）置为 ON 时的频率
	71	适用电动机	1	0	0 ~ 8	根据电动机适配的特性进行选择
	73	模拟量输入选择	1	1	0 ~ 7，10 ~ 17	对端子 2 和端子 1 的选择
	76	报警代码输出选择	1	0	0	报警代码不输出
					1	报警代码输出
					2	仅在异常时输出报警代码
	77	参数写入选择	1	0	0	仅在停止时可以写入
					1	不可写入参数
					2	可不受运行限制写入参数
	78	反转防止选择	1	0	0	正转和反转均可
					1	不可翻转
					2	不可正转
	79	操作模式选择	1	0	0	EXT/PU 切换模式
					1	PU 运行模式固定
					2	EXT 外部运行模式固定
					3	EXT/PU 组合运行模式 1
					4	EXT/PU 组合运行模式 2
					6	电源溢出模式
					7	EXT 外部运行模式（PU 运行互锁）
电动机额定参数选择	80	电动机的容量	0.01/0.1 kW	9999	0.4 ~ 55 kW/0 ~ 3 600 kW	根据变频器容量的不同而定
					9 999	成为 V/F 控制
	81	电动机极数	1	9999	2, 4, 6, 8, 10, 112	设定值为 112 时，是 12 极
					12, 14, 16, 18, 20, 122	X8 信号 ON：V/F 控制。10+设定电动机极数，122 为 12 极
					9999	成为 V/F 控制
	82	电动机励磁电流	0.01/0.1 A	9999	0 ~ 500 A/3 600 A	根据变频器容量的不同而定（5.5 kW 以下/75 kW 以上）
					9999	使用三菱电动机 SF-JR, SF-HRCA 常数
	83	电动机额定电压	0.1 V	400 V	0 ~ 1 000 V	设定电动机额定电压
	84	电动机额定频率	0.01 Hz	50 Hz	10 ~ 120 Hz	设定电动机额定频率

功能	参数号	名称	最小单位	初始值	范围	备注内容
第三加减速选择	110	第三减速时间	0.1/0.01 s	9999	0～3 600/360 s	设定 X9 信号为 ON 时的加减速时间
					9 999	功能无效
	111	第三减速时间	0.1/0.01 s	9999	0～3 600/360 s	设定 X9 信号为 ON 时的加减速时间
					9 999	加速时间=减速时间
模拟端子频率设定	125	端子 2 频率设定增益频率	0.01 Hz	50 Hz	0～400 Hz	设定端子 2 输入增益（最大）频率
	126	端子 4 频率设定增益频率	0.01 Hz	50 Hz	0～400 Hz	设定端子 4 输入增益（最大）频率，Pr.858=0（初始值）时有效
PID 控制	127	PID 控制自动切换频率	0.01 Hz	9999	0～400 Hz	设定自动 PID 控制切换的频率无 PID 自动切换功能
					9 999	
	128	PID 动作选择	1	10	10 PID 负作用	偏差值信号输入（端子 1）
					11 PID 正作用	
					20 PID 负作用	测定值输入（端子 4），目标值输入（端子 2）
					21 PID 正作用	
					50 PID 负作用	偏差值信号输入（LONWORKS 通信，CC-LINK 通信）
					51 PID 正作用	
					60 PID 负作用	测定值目标值信号输入（LONWORKS 通信，CC-LINK 通信）
					61 PID 正作用	
	129	PID 比例带	0.10%	100%	0.1%～1 000%，9 999	比例带小时，测定值的微小变化可得到大的输出变化。随比例带的变小，响应会更好，但可能会引起超调，降低稳定性。999：为无比例控制
	130	PID 积分时间	0.1 s	1 s	0.1～3 600 s，9 999	仅用积分动作完成比例动作相同操作所需要的时间。随着积分时间变小，完成速度快，但容易超调。9999：无积分控制
	131	PID 上限	0.1%	9999	0～100%，9 999	设定上限，超过反馈量设定值，输出 FUP 信号，测定值（端子 4）的最大输入（20 mA，5 V，10 V）相当于 100%，9999：无功能

功能	参数号	名称	最小单位	初始值	范围	备注内容
第三加减速选择	110	第三减速时间	0.1/0.01 s	9999	0～3 600/360 s	设定 X9 信号为 ON 时的加减速时间
					9999	功能无效
	111	第三减速时间	0.1/0.01 s	9999	0～3 600/360 s	设定 X9 信号为 ON 时的加减速时间
					9 999	加速时间=减速时间
模拟端子频率设定	125	端子 2 频率设定增益频率	0.01 Hz	50 Hz	0～4 00 Hz	设定端子 2 输入增益（最大）频率
	126	端子 4 频率设定增益频率	0.01 Hz	50 Hz	0～400 Hz	设定端子 4 输入增益（最大）频率，Pr.858=0（初始值）时有效
PID 控制	127	PID 控制自动切换频率	0.01 Hz	9999	0～400 Hz	设定自动 PID 控制切换的频率无 PID 自动切换功能
					9999	
	128	PID 动作选择	1	10	10	PID 负作用 · 偏差值信号输入（端子 1）
					11	PID 正作用
					20	PID 负作用 · 测定值输入（端子 4），目标值输入（端子 2）
					21	PID 正作用
					50	PID 负作用 · 偏差值信号输入（LONWORKS 通信，CC-LINK 通信）
					51	PID 正作用
					60	PID 负作用 · 测定值目标值信号输入（LONWORKS 通信，CC-LINK 通信）
					61	PID 正作用
	129	PID 比例带	0.10%	100%	0.1%～1 000%，9 999	比例带小时，测定值得微小变化可得到大的输出变化。随比例带的变小，响应会更好，但可会引起超调，降低稳定性。999：为无比例控制
	130	PID 积分时间	0.1 s	1 s	0.1～3 600 s，9 999	仅用积分动作完成比例动作相同操作所需要的时间。随着积分时间变小，完成速度快，但容易超调。9 999：无积分控制
	131	PID 上限	0.1%	9999	0～100%，9 999	设定上限，超过反馈量设定值，输出 FUP 信号，测定值（端子 4）的最大输入（20 mA，5V，10V）相当于100%，9999：无功能

功能	参数号	名称	最小单位	初始值	范围	备注内容	
PID 控制	132	PID 下线	0.1%	9999	0～100%, 9999	设定下限,测定值降到设定值,输出 FDN 信号,测定值(端子 4)的最大输入(20 mA,5 V,10 V)相当于 100%,9999:无功能	
	133	PID 动作目标值	0.01%	9999	0～100%	设定 PID 控制时的目标值	
					9999	端子 2 输入电压成为目标值	
	134	PID 微分时间	0.01 s	9999	0.01～10 s, 9999	只用微分动作完成比例动作相同操作量所需的时间,随微分时间增大,对偏差的反应越大。9999:无微分	
变频与工频的切换	135	工频电源切换输出端子选择	1	0	0, 1	0:无工频切换,1:有工频切换	
	136	MC 切换	0.1 s	1 s	0～100 s	设定 MC2 与 MC3 的动作互锁时间	
	137	启动等待时间	0.1 s	0.5 s	0～100 s	在设定时间时,所设定的时间应比从 M3 中输入 ON 信号到实际吸引之间的时间稍长一些约为(0.3～0.5 s)	
	138	异常时工频切换选择	1	0	0, 1	0:变频器异常输出停止,1:变频器异常时自动切换工频运行(过电流故障时不能切换)	
	139	变频-工频自动切换频率	0.01 Hz	9999	0～60 Hz	变频器运转切换到工频运转的频率	
					9999	不能自动切换	
	161	频率设定/键盘锁定操作	1	0	0	旋钮频率设定模式	键盘锁定模式无效
					1	旋钮音量设定模式	
					10	旋钮频率设定模式	键盘锁定模式有效
					11	旋钮音量设定模式	

功能	参数号	名称	最小单位	初始值	范围	备注内容
输入端子功能	178	STF 端子功能选择	1	60	0～20，22～28，37，42～44，60，62，64～71，9999	0：低速运行 1：中速运行 2：高速运行 3：第二功能选择 4：端子 4 的输入选择 5：点动运行选择 6：顺停再启动选择 7：外部热继电器输入 8：15 速选择 9：第三功能 10：变频器运行许可信号 11：FR～HC，MT～HC 连接（瞬时掉电检测） 12：PU 运行外部互锁 13：外部直流制动开始 14：PID 控制有效端子 15：制动器开放完成信号 16：PU 运行，外部运行互换 17：适用负荷选择正反转提升 18：V/F 切换 19：负荷转矩高速频率 20：S 子加减速 C 切换端子 22：定向指令 23：预备励磁 24：输出停止 25：启动自我保持选择 26：控制模式切换 27：转矩限制选择 28：启动时调整 37：三角波功能选择 42：转矩偏置选择 1* 43：转矩偏置选择 2* 44：P/PI 控制切换 60：正传指令 61：反转指令 62：变频器复位 64：PID 正负作用切换 65：PU～NET 运行切换 66：外部～NET 运行切换 67：指令权切换 68：简易位置脉冲列符号* 69：简易位置残留脉冲清除* 70：直流供电解除 9999：无功能*仅在使用 FR～A7AP 时功能有效
	179	STR 端子功能选择	1	61	0～20，22～28，37，42～44，60，62，64～71，9999	
	180	RL 端子功能选择	1	0		
	181	RM 端子功能选择	1	1	0～20，22～28，37，42～44，62，64～71，9999	
	182	RH 端子功能选择	1	2		
	183	RT 端子功能选择	1	3		
	184	AU 端子功能选择	1	4	0～22，22～28，37，42～44，60，62～71，9999	
	185	点动端子功能选择	1	5	0～20，22～28，，37，42～44，62，64～71，9999	
	186	CS 端子功能选择	1	6		
	187	MRS 端子功能选择	1	24		
	188	STOP 功能选择	1	25		
	189	RES 端子功能选择	1	62		

功能	参数号	名称	最小单位	初始值	范围	备注内容
输出端子功能	190	RUN 端子功能选择	1	0	0~8，10~20，25~28，30~36，39，41~47，64，70，84，85，90~99，100~108，110~116，120，125~128，130~136，139，141~147，164，170，184，185，190~199，9999	0，100：变频器运行 1，101：频率到达 2，102：瞬时掉电/低电压 3，103：过负荷报警 4，104：输出频率检测 5，105：第二输出频率检测 6，106：第三输出频率检测 7，107：再生制动预报警 8，108：电子过流保护预报警 10，110：PU 运行模式 11，111：变频器运行准备就绪 12，112：输出电流检测 13，113：零电流检测 14，114：PID 下限 15，115：PID 上限 16，116：PID 正反动作输出 17：工频切换 MC1 18：工频切换 MC2
	191	SU 端子功能选择	1	1		
	192	IPF 端子功能选择	1	2		
	193	OL 端子功能选择	1	3		
	194	FU 端子功能选择	1	4		
	195	ABC1 端子功能选择	1	99		19：工频切换 MC3 20，120：制动器开放要求 25，125：风扇故障输出 26，126：散热片过热预报警 27，127：定向结束* 28，128：定向错误* 30，130：正转中输出* 31，131：反转中输出* 32，132：再生状态输出*
	196	ABC2 端子功能选择	1	9999	0~8，10~20，25~28，30~36，39，41~47，64，70，84，85，90，91，94~99，100~108，110~116，120，125~128，130~136，139，141~147，164，170，184，185，190，191，194~199，9999	33，133：运行准备完成 234，134：低速输出* 35，135：转矩检测 36，136：定位结束* 39，139：启动时调谐完成信号 41，141：速度检测 42，142：第二速度检测 43，143：第三速度检测 44，144：变频器运行中 2 45，145：变频器运行中和启动指令 ON 46，146：停电减速中（保持到解除） 47，147：PID 控制中 64，164：再试中 70，170：PID 输出中断中 84，184：位置控制准备完成* 85，185：直流供电中 90，190：寿命报警 91，191：异常输出 3（电源切断信号） 92，192：省电平均值更新时间 93，193：电流平均值监视器信号 94，194：异常输出 2 95，195：维修时钟信号 96，196：远程输出 97，197：轻故障输出 98，198：轻故障输出 2 99，199：异常输出 9999：无功能 0~99：正逻辑 10~199：负逻辑*，仅在使用 FR~A7AP 时功能有效

功能	参数号	名称	最小单位	初始值	范围	备注内容
多段速设定	232	多段速设定 8	0.01 Hz	9999	0～400 Hz,9999	用 RH, RM, RL, REX 的组合来设定 4～15 段速的频率, 设定为 9999: 不选择
	233	多段速设定 9	0.01 Hz	9999		
	234	多段速设定 10	0.01 Hz	9999		
	235	多段速设定 11	0.01 Hz	9999		
	236	多段速设定 12	0.01 Hz	9999		
	237	多段速设定 13	0.01 Hz	9999		
	238	多段速设定 14	0.01 Hz	9999		
	239	多段速设定 15	0.01 Hz	9999		
模拟输入端子功能分配	858	端子 4 功能分配	1	0	0	频率/速度指令
					1	磁通指令
					4	失速防止/转矩限制
					9999	无功能
	868	端子 1 功能分配	1	0	0	频率设定辅助
					1	磁通指令
					2	再生转矩指令
					3	转矩指令
					4	失速防止/转矩限制/转矩指令
					5	正转、反转速度限制
					6	转矩偏置
					9999	无功能
模拟输入电压电流频率调整校正参数	C0900	CA 端校正	—	—	—	校正接在端子 CA 上的仪表的标度
	C1901	AM 端校正	—	—	—	校正接在端子 AM 上的模拟仪表的标度
	C2902	端子 2 频率设定偏置频率	0.01 Hz	0Hz	0～400 Hz	设定端子 2 输入的频率偏置
	C3902	端子 2 频率设定偏置	0.1%	0%	0～300%	设定端子 2 输入的电压(电流)偏置的 % 换算值
	C4903	端子 2 频率设定增益	0.1%	100%	0～300%	设定端子 2 输入的电压(电流)增益的 % 换算值
	C5904	端子 4 频率设定偏置频率	0.01Hz	0Hz	0～400 Hz	设定端子 4 输入的频率偏置[Pr.858=0 (初始值) 时有效]
	C6904	端子 4 频率设定偏置	0.1%	20%	0～300%	设定端子 4 输入的电压(电流)偏置的 % 换算值[Pr.858=0 (初始值) 时有效]
	C7905	端子 4 频率设定增益	0.1%	100%	0～300%	设定端子 4 输入的电压(电流)增益的 % 换算值[Pr.858=0 (初始值) 时有效]

附录四　三菱 E700 系列变频器保护功能表

操作面板显示	名称	说明
E----	报警历史	可显示过去 8 次历史报警，用旋钮可以调出
HOLD	操作面板锁定	设定了操作锁定模式
Er1～4	参数写入错误	Er1：禁止写入错误；Er2：运行中写入错误；Er3：校正错误；Er4：模式指定错误
rE1～4	复制操作错误	rE1：参数读取错误；rE2：参数写入错误；rE3：参数对照错误；rE4：机种错误
Err	错误	RES 信号处于 ON 时；PU 与变频器不能进行正常通信时；将控制回路电源作为主回路电源时；均显示错误信息
OL	失速防止（过电流）	变频器在加速、恒速、减速运行中，输出电流超出了失速防止动作水平时，将停止频率上升，从而可以避免因过流而切断输出
oL	失速防止（过电压）	减速运行时，电动机的再生能量过大时，防止频率上升和过电压引起的电源切断
RB	再生制动预报警	再生制动使用率达到 100%时，会引起再生过压。再生制动器使用率在 Pr.70 设定值的 85%以下时显示
TH	电子过流保护预报警	电子热继电器积分达到 Pr.9（电子过流保护积分）设定值的 85%时显示，同时电动机过负荷断路
PS	PU 停止	在 Pr.75 的复位选择/面板操作脱出检测/操作面板停止状态下用 PU 的 STOP/RESET 键设定停止
MT	维护信号输出	提醒变频器的累计通电时间已经到达所设定
CP	参数复制	55 kW 以下容量的变频器和 75 kW 以上容量的变频器之间进行复制操作时显示
SL	速度限位显示	在实施转矩控制时，如果超出了速度限制水平便输出该显示
FN	风扇故障	冷却风扇因故障而停止，或者转速下降时，进行了 Pr.244 冷却风扇动作选择时，面板显示 FN
E.OC1	加速时	当变频器输出电流达到或超过大约额定电流的 220%时。保护回路动作，停止变频器输出
E.OC2	定速时	过电流断路
E.OC3	减速时停止时	
E.OV1	加速时	如果来自运行电动机的再生能量使变频器内部直流回路电压上升达到或超过规定值，保护回路动作，停止变频输出，也可能是由电源系统的浪涌电压引起的
E.OV2	定速时	再生过电压断路
E.OV3	减速时停止时	

操作面板显示	名称	说明
E.THM	电动机	变频器的电子过电流保护功能检测到由于过负荷或定速运行时冷却能力降低引起的电动机过热。当达到预设值的 85% 时，预报警（TH 指示）发生。当达到规定值时，保护回路动作，停止变频器输出。当多极电动机类的特殊电动机或两台以上电动机运行时，不能用电子过流保护电动机，需在变频器输出回路安装热继电器
E.THT	过负荷断路（电子过流保护） 变频器（OC）	如果电流超过额定输出电流的 150% 而未发生过流断路（220% 以下），反时限特性使电子过流保护动作，停止变频器的输出。（过负荷延时：150%，60 s）
E.IPF	瞬时停电保护	停电超过 15 ms 时，此功能动作，停止变频器输出，以防止控制回路误动作，同时报警输出触电，断开（B-C）和闭合（A-C）
E.UVT	欠电压保护	如果变频器电源电压降低，控制回路将不能正常动作，导致电动机转矩降低或发热增加，因此，如果电源电压降至 300 V 时，此功能停止变频器输出当 P/+，P1 间无短路片时，欠压保护功能也动作
E.FIN	散热片过热	如果散热片过热，温度传感器动作时变频器停止输出
E.BE	制动晶体管报警	由于制动晶体管损坏使制动回路发生故障，此功能停止变频器输出。在此情况下，变频器电源必须立刻关断
E.GF	输出侧接地故障过电流保护	变频器启动时，变频器的输出侧（负荷）发生接地故障和对地有漏电电流时，变频器的输出停止
E.OHT	外部热继电器动作	为防止电动机过热安装外部继电器或电动机内部安装的温度继电器断开，这类触电信号进入变频器使变频器输出停止，如果继电器接点自动复位，变频器只有在复位后才能重新启动
E.OLT	失速防止	当失速防止动作使得输出频率降低到 0.5 Hz 时，失速防止动作出现 E.OLT，并停止变频器输出。在实时无传感器矢量控制，矢量控制方式下进行速度控制时，由于转矩限制动作使得频率降低到 Pr.865（低速检测）中的设定值，且输出转矩超出了 Pr.874（PLT 水平设定）中的设定值，经过 3 s 后将显示报警 E.OLT，停止输出
E.OPT	选件报警	如果变频器内置专用选件由于设定值错误或连接故障将停止变频器输出。当选择了提高功率因数变流器时，如果将交流电源连接到 R、S、T 端，此报警也会显示
E.PE	参数存储器原件错误	如果存储参数设定时发生 EEPROM 故障，变频器将停止输出
E.PUE	PU 脱离	当在 Pr.75（复位选择/PU 脱出检测/PU 停止选择）中设定 2、3、16、17，如果变频器和 PU 之间的通信发生中断此功能将停止变频器输出
E.RET	再试次数超出	如果在再试设定次数内运行没有恢复，此功能将停止变频器的输出
E.LE	输出缺项保护	当变频器输出侧（负荷侧）三项（U、V、W）中有一相断开时，此功能停止输出
E.6/ E.7/ E.CPU	CPU 错误	如果内置 CPU 的通信异常发生时，变频器停止输出

操作面板显示	名称	说明
E.P24	直流 24V 电源输出短路	当从 PC 端子输出的直流 24 V 电源被短路，此功能切断电源输出，同时，所有外部触电输入关断。通过输入 RES 信号不能复位变频器，需要复位时，用操作面板复位或关断电源重启
E.CTE	操作面板电源短路，RS-485 端子用电源短路	当操作面板的电源（PU 接口的 P5S）短路，此功能切断电源输出，同时，不能用操作面板进行复位。若需复位输入 RES 信号或关断电源再重启
E.ECT	断线检测	在定向控制，PLG 反馈控制，矢量控制方式下切断 PLG 信号，停止变频器输出
E.PTC*	PTC 热敏电阻动作	连接在端子 AU 上，检测到从外部 PTC 热敏电阻输入的 10 s 以上的电动机过热状态时显示
E.ILF*	输入缺项	在 Pr.872（输入缺项保护）设定为 1 时，且三相电源输入中缺一相时启动
E.CDO*	输出电流超过检测值	输出电流超过了 Pr.150（输出电流检测水平）中设定的值时启动
E.IOH*	浪涌电流抑制电路电阻过热	浪涌电流抑制电流的电阻过热时启动。侵入电流抑制回路的故障
E.OS	发生过速度	在 PLG 反馈控制，矢量控制下，表示当前电动机速度超过了过速度设定水平
E.OD*	位置偏差过大	表示在位置控制时位置指令和位置反馈的差超过了基准值
E.EP	编码器相位错误	离线自动调谐时，变频器的运转指令与从 PLG 检测的电动机实际转向不一致
E.SER*	通信异常（主机）	RS-485 的通信中，在 Pr.335（RS-485 通信重试次数）不等于 9999 的情况下，超过了重试次数，引发了通信错误，此时变频器将停止输出。通信切断时间超过在 Pr.336 设定的 RS-485 通信检测时间间隔时变频器也将停止输出
E.AIE*	模拟量输入异常	端子 2/4 输入电流的设定，在输入大于 30 mA 以上时，或有输入电压（7.5 kW 以上）时显示
E.MB1 ~ E.MB7	制动器顺控程序顺序错误	如果在使用顺序制动功能（Pr.278～Pr.285）时发生顺控程序错误，此功能将停止变频器输出
E.USB*	USB 通信异常	在 Pr.548（USB 通信检查时间间隔）中所设定时间内通信中断时，将停止变频器的输出
E.11	反转减速错误	在实时无传感器矢量控制时，正反转切换时如果发生速度指令与速度方向不同的状态时，低速下速度不减速且也无法切换到相反方向运转，从而引起过负荷时，将停止变频器的输出
E.13	内部电路异常	内部电路异常时显示

注：*表示使用 FR-PU04-CH 时，参数如果发生了动作，将显示"Fault 14"。另外，对于 FR-PU04-CH 在确认报警履历记录时的显示为"E.14"。

参考文献

［1］阮友德. 电气控制与 PLC 实训教程[M]. 北京：人民邮电出版社，2017.

［2］赵雄. PLC 与变频器应用技术[M]. 济南：山东科学技术出版社，2015.

［3］戴一平. 可编程序控制器技术[M]. 北京：机械工业出版社，2008.

［4］陈文林，吴萍. 电器与 PLC 控制技术[M]. 北京：机械工业出版社，2015.

［5］王金娟，周建清. 机电设备组装与调试技能训练[M]. 北京：机械工业出版社，2014.

［6］杨杰忠. PLC 应用技术（三菱）[M]. 北京：机械工业出版社，2013.